DENKSTE?!

Verblüffende Fragen und Antworten
rund ums Gehirn

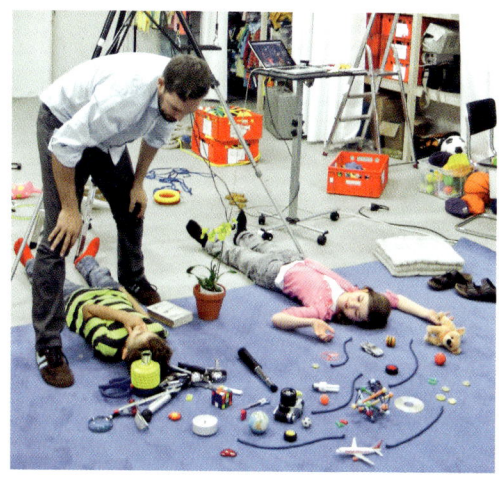

Ein Buch von Jan von Holleben

Mit Texten von Michael Madeja und Katja Naie

Gabriel

Inhalt

Das hab ich im Kopf

Wissenswertes zur Wundermaschine Gehirn

Wieso hat das Gehirn Falten?

Faltig wie eine Walnuss ist das Gehirn oder besser gesagt die ein paar Millimeter dicke Außenschicht. Man nennt sie Hirnrinde, weil sie wie die Rinde eines Baumes dünn ist und außen sitzt. Wenn wir die Hirnrinde nicht hätten, könnten wir nicht denken, lernen, fühlen, lesen, schmecken, hören, sprechen und viele andere Dinge, die wir Menschen besonders gut können. Unsere Hirnrinde ist daher größer als bei den meisten Tieren. Aber da das Gehirn in den Kopf passen muss, ist die Hirnrinde in Falten gelegt. So passt mehr davon in unseren kleinen Kopf. Das ist wie bei einem großen Badetuch, das man auch nur in die Sporttasche bekommt, wenn man es zusammenknautscht.

Wie fühlt sich das Gehirn an?

Das kommt ganz darauf an. Das Gehirn ist nämlich angezogen. Es ist von drei Häuten umgeben, die dem Schutz, der Befestigung im Kopf und der Blutversorgung dienen. Obwohl sie unterschiedlich dick sind, fühlen sich alle so ähnlich wie Leder an. Wenn man diese Häute entfernt und über die Oberfläche des Gehirns streicht, fühlt sie sich glatt und etwas nachgiebig an. Etwa so wie eine reife Pflaume.

Was sind die grauen Zellen?

Kennst du den Spruch »Streng mal deine grauen Zellen an!«? Klar, gemeint ist unser Gehirn oder genauer noch die Bausteine, aus denen das Gehirn besteht. Du kannst dir diese Bausteine so ähnlich wie einen Baum mit ganz vielen Ästen und Ästchen vorstellen: winzig kleine, mit Flüssigkeit gefüllte Säckchen, die ganz lange und stark verzweigte Ausstülpungen haben. Und die werden wegen ihrer Farbe auch »graue Zellen« genannt. Genauer heißen sie Nervenzellen und ihre Ausstülpungen Nervenzellfortsätze. Es gibt aber auch noch andere Gehirnzellen wie zum Beispiel die Gliazellen, die die grauen Zellen umgeben, sie versorgen, unterstützen und in Form halten. Wieder andere Zellen im Gehirn sorgen dafür, dass das Blut dorthin gelangt, wo es hin soll, und dass Eindringlinge wie Bakterien bekämpft werden. Das sind viele Aufgaben und deshalb gibt es auch viele solcher Gehirnzellen. Auf jede Nervenzelle unseres Gehirns kommen mehr als doppelt so viele andere Zellen im Kopf.

Wie viele Nervenzellen hat ein Mensch?

Denk mal an alle Menschen, die du kennst, vom Busfahrer bis zu deinen Freunden, denk an all die großen Städte, in denen du in den Ferien gewesen bist, an all die Menschen, die du auf Bahnhöfen oder in Fußballstadien gesehen hast. Alle zusammengenommen sind viel, viel weniger Menschen, als es Nervenzellen in jedem Gehirn gibt. Davon hat jeder etwa 50 bis 100 Milliarden. Also mehr, als es Menschen auf der Erde gibt. So eine große Zahl kann man nicht zählen, sondern nur schätzen.

Vielleicht hilft dir auch ein anderer Vergleich dabei, dir diese riesige Zahl vorzustellen: Angenommen, jede Nervenzelle wäre so groß wie eine Haselnuss. Und weiter angenommen, wir würden deine Schule ganz mit Haselnüssen ausfüllen. Erst dann würde die Zahl der Nüsse in der Schule der Zahl der Nervenzellen in deinem Kopf entsprechen.

Wie schwer ist das Gehirn?

Das Gehirn wiegt so viel wie eine große Flasche Wasser oder sechs Äpfel, genauer gesagt ein Kilogramm und noch mal etwa 400 Gramm. Ganz genau kann man es aber nicht sagen, weil die Größe des Gehirns genau wie die der Ohren, der Füße oder anderer Körperteile und Organe bei jedem etwas unterschiedlich ist. Auf jeden Fall ist dein Gehirn schon so schwer wie das der Erwachsenen. Das ist viel, aber auch ziemlich wenig, denn das Gehirn macht nur einen geringen Bruchteil von dem aus, was jeder von uns wiegt.

Welche Farbe hat das Gehirn?

Nicht nur die sogenannten »grauen Zellen« sind grau, auch viele andere Gehirnzellen haben eine ähnliche Farbe. Aber dazwischen verlaufen winzige Adern mit Blut, die die Nervenzellen versorgen und Sauerstoff und Nährstoffe herbeischaffen. Und dadurch ist das Gehirn von außen nicht ganz grau, sondern leicht rötlich. Richtig grau ist das Gehirn nur bei Ameisen und anderen Insekten, deren Blut nicht rot ist oder die keine Blutgefäße im Gehirn haben.
Im Inneren ist unser Gehirn fast weiß. Denn hier verlaufen die Kabel, die Nervenzellfortsätze, die unterschiedliche Teile des Gehirns miteinander verbinden. Wie ein echtes Kabel sind die Nervenzellfortsätze von Isolierschichten umgeben, die viel Fett enthalten. Und welche Farbe hat Fett? Genau, es ist weiß.

14

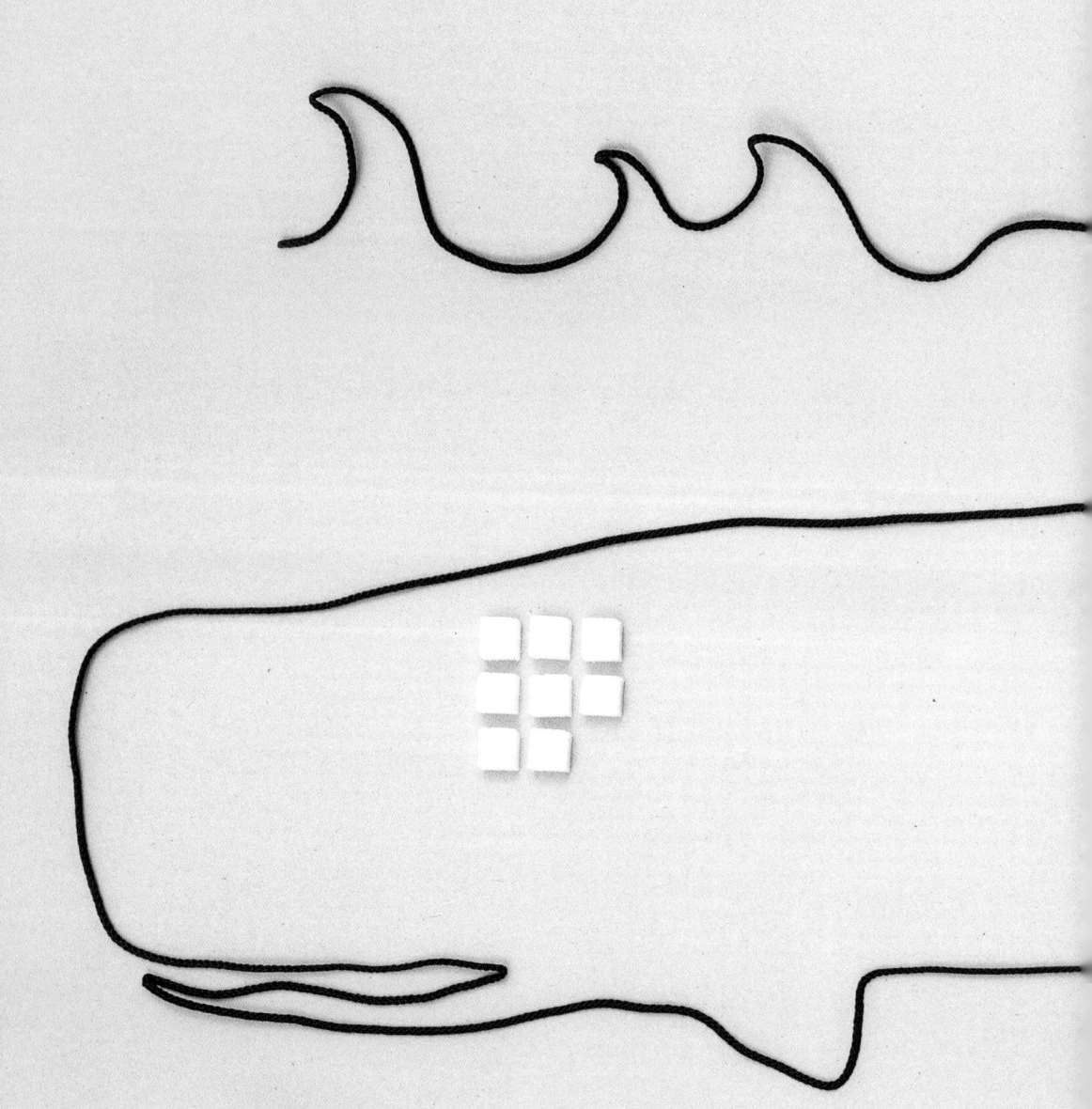

Welches Tier hat das größte Gehirn?

Den Rekord hält der Pottwal: Das Gehirn ist so groß wie ein Kürbis und wiegt über acht Kilogramm, mehr als fünfmal so viel wie das des Menschen. Danach kommen andere große Walarten, wie der Blauwal, und der Elefant, dessen Gehirn fast fünf Kilogramm wiegt. Es folgt schon bald der Mensch mit seinem gut ein Kilogramm schweren Gehirn. Die Menschenaffen wie Gorilla und Schimpanse, die unter den Tieren die schlausten sind, haben nur noch ein halb so schweres Gehirn. Der Hund bringt es auf gut 100 Gramm, das Gewicht einer Tafel Schokolade, die Katze auf 30 Gramm und das Mausgehirn ist weniger als ein Gramm leicht, das Gewicht einer Erbse. Die kleinsten Gehirne wiegen weniger als ein tausendstel Gramm. So hat die Stubenfliege mit immerhin vielen tausend Nervenzellen ein Gehirngewicht von einem halben tausendstel Gramm. Die einfachsten Gehirne von Würmern kommen schließlich mit etwa einem millionstel Gramm endgültig auf Staubkorngewicht.

Wieso heißt das Gehirn »Gehirn«?

Das Wort »Hirn« kommt wahrscheinlich vom germanischen Wort »hersan« oder »herzn«, das vermutlich so etwas wie »oben am Körper«, »Schädel« oder »Kopf« bedeutete. Im Mittelalter wurde daraus »hirni«, »herni«, »hirne« oder »herne«, was schon fast so wie unser heutiges Wort klingt.

Das »Ge-« von Gehirn zeigt an, dass es ein Sammelname für verschiedene Teile ist. So wie wir die Balken eines Hauses als Gebälk bezeichnen oder die Äste eines Baumes als Geäst. »Gehirn« heißt daher so viel wie »all das, was sich im Kopf befindet«.

Damit denkt sie

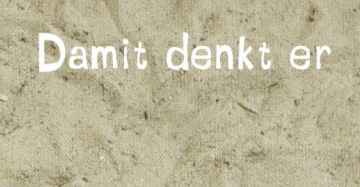

Damit denkt er

Ist das Gehirn bei Männern und Frauen gleich groß?

Tatsächlich ist das von Männern etwas größer und schwerer als das der Frauen. Der Unterschied liegt bei etwa hundert Gramm. Bevor du dich nun als Junge im Vorteil oder als Mädchen im Nachteil fühlst, solltest du ganz schnell wissen, dass das Gehirn der Frauen dafür mehr Synapsen, also Verbindungen zwischen den Nervenzellen, hat als das Gehirn der Männer. Was nun besser ist, ein größeres oder ein besser vernetztes Gehirn, das musst du selbst entscheiden. Die Wissenschaftler haben nur herausgefunden, dass Frauen manches besser können und Männer dafür in anderen Sachen besser sind, aber beide sind gleich schlau.

Gibt es Tiere ohne Gehirn?

Ohne Nervenzellen kommen im Tierreich vermutlich nur die Schwämme aus. Diese ganz einfachen Tiere bewegen sich nicht und nehmen an Nahrung das auf, was zufällig vorbeikommt. Für diese Lebensweise braucht man keine Nervenzellen. Aber schon im nächsten Entwicklungsschritt, bei den Quallen oder Seesternen, gibt es Nervenzellen und einfache Nervensysteme. Deshalb können diese Tiere reagieren und entscheiden, zum Beispiel flüchten und sich auf Nahrung zubewegen.

Gehirne, also die Anhäufung vieler Nervenzellen im vorderen Bereich eines Tieres, findet man zuerst bei Würmern und danach bei allen höher entwickelten Tieren wie Insekten, Vögeln, Fischen, Amphibien und Säugetieren wie schließlich auch dem Menschen.

Außerdem gibt es noch die Einzeller wie Pantoffeltierchen oder Amöben, die aber von den Biologen nicht zu den Tieren gerechnet werden. Obwohl sie keine Nervenzellen haben, können sie auf ihre Umwelt reagieren, weil Bestandteile der Einzeller Wärme, Licht oder anderes wahrnehmen und direkt Bewegungen auslösen können.

Wie viele Gehirnwindungen hat eine Ameise?

Keine. Hirnwindungen entstehen, wenn die Hirnrinde gefaltet ist. Das Ameisengehirn hat aber gar keine Hirnrinde und ist sehr einfach aufgebaut. Es hat auch weniger als eine Million Nervenzellen, sodass im Kopf der Ameise kein Platzmangel herrscht. Erst wenn es mehr und mehr Nervenzellen werden, die in einen kleinen Kopf und dann auch noch in die Hirnrinde passen müssen, hat die Natur den Trick, das Gehirn in Falten zu legen, um Platz zu sparen.

Die Hirnrinde entsteht in der Entwicklung erst bei Tieren wie Fröschen und Eidechsen. Richtig wichtig und nützlich für komplizierte Dinge wie Sprache und Denken wird die Hirnrinde dann erst bei den Säugetieren wie Mäusen, Hunden, Walen – und schließlich auch dem Menschen. Bei diesen Säugetieren ist die Hirnrinde groß, und deswegen gibt es Gehirnwindungen, wenn auch nicht bei allen: Mäuse und Ratten haben noch keine Gehirnwindungen, aber die Großhirnrinde von Affen, Walen und Elefanten ist bereits stark gefaltet.

Wie lang ist die längste Nervenzelle?

Das probierst du öfter aus, als du denkst. Wenn du zum Beispiel mit deinem Zeh an einen Stein stößt, dann tut es weh. Du spürst diesen Schmerz, weil eine Nervenzelle den Stoß im Zeh wahrnimmt und dies bis zum Kopf leitet. Kaum zu glauben: Vom Zeh bis zum Kopf ist es nur eine einzige Nervenzelle mit ganz langen Fortsätzen. Und da manche Menschen über zwei Meter groß werden, kann die längste Nervenzelle des Menschen fast zwei Meter lang sein.

Und bei den Tieren, zum Beispiel bei den Walen? Da das System der Nervenzellen bei den Walen ähnlich wie beim Menschen aufgebaut ist, kann man davon ausgehen, dass es Nervenzellen gibt, die von der Schwanzflosse bis zum Kopf des Wals reichen. Also ist eine einzige Nervenzelle beim Blauwal vermutlich bis zu vierzig Meter lang.

Hier kommt der

Geistesblitz

Wie schnell, wie viel und wie frei wir denken können

Warum war Albert Einstein so schlau, hatte er ein größeres Gehirn als andere?

»Ich habe keine besondere Begabung, sondern bin nur leidenschaftlich neugierig«, hat Albert Einstein einmal gesagt. Und möglicherweise ist das schon die Erklärung dafür, warum er so viel herausgefunden hat. Denn sein Gehirn ist zwar intensiv untersucht worden, aber etwas wirklich Besonderes hat man nicht gefunden. Auch außergewöhnlich groß war es nicht. Obwohl die Größenunterschiede bei den menschlichen Gehirnen sowieso gering sind und für die Leistung keine Rolle spielen.

Übrigens war Albert Einstein auch nicht in allem schlau. In Französisch waren seine Schulnoten nicht besonders, Sprechen hat er als Kind erst spät gelernt, und in andere Menschen konnte er sich schlecht hineinversetzen.

Bei den Tieren kann die unterschiedliche Größe des Gehirns aber wichtig sein. Da gilt die Regel, dass Tiere mit deutlich größeren Gehirnen auch mehr können. So kann die Maus mehr als die Ameise, und der Hund mehr als die Maus. Aber keine Regel ohne Ausnahme: So ist das Pferdegehirn etwas größer als das des Schimpansen und dennoch ist der Affe deutlich schlauer.

Warum denkt jeder Mensch anders, wenn doch jeder das gleiche Gehirn hat?

Denk mal an deinen besten Freund oder deine beste Freundin. Wahrscheinlich seid ihr trotz aller Gemeinsamkeiten ziemlich unterschiedlich. Und deshalb habt ihr auch ein unterschiedliches Gehirn, denn alles, was wir machen, fühlen und denken, verändert die Verbindungen zwischen den Nervenzellen und damit den Aufbau unseres Gehirns. Und da jeder andere Sachen erlebt, liest, hört und denkt, ist auch jedes Gehirn anders.

Selbst ganz am Anfang sind unsere Gehirne nicht gleich. Denn von unseren Eltern bekommen wir über die Gene eine Grundausstattung für unseren Körper mit: Zwar hat jeder eine Nase, aber bei jedem ist die Nase etwas anders. So ist es auch mit dem Gehirn. Einige haben vielleicht die Anlage für ein besonders leistungsfähiges Gehirn. Ob es aber tatsächlich ein besonders gutes Gehirn wird, hängt davon ab, wie man sein Gehirn benutzt.

Du kannst dir dein Gehirn wie einen gigantischen Baukasten vorstellen. Alle haben am Anfang ähnliche, aber nicht ganz gleiche Bausteine. Was du mit deinen Steinen baust, ist anders als das, was dein Freund oder deine Freundin damit macht. Aber nur wenn du vollen Einsatz bringst, wird es richtig gut.

Wie schnell kann man denken?

Auch wenn es dir manchmal nicht so vorkommen mag: Dein Gehirn denkt häufig schneller, als du mit dem Auto oder dem Zug fahren kannst. Wenn eine Nervenzelle einer anderen etwas mitteilt, so laufen die dafür benutzten Strompulse mit einer Geschwindigkeit von bis zu 360 Kilometer pro Stunde den Nervenzellfortsatz entlang. Und in vielen kleinen Abschnitten der Nervenzellfortsätze erreichen die Strompulse sogar Lichtgeschwindigkeit, also 300.000 Kilometer pro Sekunde!

Trotzdem dauert es ja ziemlich lang, wenn man eine schwierige Matheaufgabe, zum Beispiel: »17 mal 23 ist gleich?«, im Kopf rechnet oder sich im Restaurant mal wieder nicht entscheiden kann »Esse ich Pizza oder Nudeln?«. Denn während die Mitteilungen der Nervenzellen durchs Gehirn rasen, braucht ihre Verrechnung wesentlich länger. An den Verbindungen zwischen den Nervenzellen, den Synapsen, wird nämlich entschieden, ob die Mitteilung weitergeleitet wird. Und das kostet Zeit. Das sind zwar jeweils nur ein paar tausendstel Sekunden, aber wenn viele Nervenzellen beteiligt sind, kommt man dann schnell in den Bereich von einer Sekunde – oder darüber hinaus.

Gibt es verschiedene Gehirnzellen für die verschiedenen Schulfächer?

Eine Nervenzelle für Mathe sucht man im Gehirn vergeblich – selbst wenn du ein Mathe-Genie bist. Denn eine einzelne Nervenzelle ist für das Lösen einer Aufgabe nicht entscheidend. Das Erfolgsrezept liegt im guten Zusammenspiel vieler Zellen.

Die Nervenzellen, die zusammen an etwas arbeiten, liegen meistens nah beieinander. Aus diesem Grund wissen wir auch grob, wo welche Aufgaben im Gehirn bearbeitet werden. Zum Beispiel im vorderen Teil der Großhirnrinde, also dem Bereich, der direkt hinter der Stirn liegt, löst du die Probleme, die sich aus dem Zusammenleben mit anderen ergeben. Der hauptsächlich im Hinterkopf gelegene Teil ist für das Sehen zuständig, und der Bereich vor deinen Ohren für Bewegung.

Und Mathe? Bei Rechenaufgaben arbeiten vermehrt die Nervenzellen, die ungefähr dort sind, wo der Bügel deines Kopfhörers liegt. Aber da du die Aufgabe auch liest und das Ergebnis hinschreibst, sind bei den Schulfächern immer sehr viele Teile des Gehirns gleichzeitig aktiv.

Sind die Pflanzen schlau?

Pflanzen sind schon irgendwie clever. Sie reagieren zum Beispiel auf Reize: die fleischfressende Pflanze schnappt zu, die Mimose lässt ihre Blätter bei Berührung hängen und die Blume wächst zum Licht.

Aber Forscher haben in Pflanzen keine Nervenzellen gefunden und bislang auch keine anderen Zellen, die so wie Nervenzellen funktionieren. Zwar können wir nicht ausschließen, dass es Pflanzenteile gibt, deren Funktion wir nicht kennen oder noch nicht richtig verstanden haben und dass Pflanzen über einen anderen Weg als Mensch und Tier reagieren. Aber so etwas Kompliziertes wie ein Gehirn haben sie nicht und können daher sicher nicht denken, Gefühle empfinden oder Schmerzen haben.

Kann man das Gehirn als Computer bezeichnen?

Um das entscheiden zu können, müssen wir uns anschauen, wie beide funktionieren. Ein Computer wandelt, ganz vereinfacht gesagt, mithilfe eines Programms eine Eingabe in eine Ausgabe um. Der Computer empfängt also etwas, verrechnet es und spuckt etwas Neues aus. Das kann das Gehirn auch: Das Bild eines Fußballs kommt durch die Augen ins Gehirn hinein, dort wird die Information verrechnet, und als Ergebnis gehen die Befehle an die Muskeln, sodass der Fuß gegen den Ball tritt. Das Gehirn arbeitet in diesem Fall also wie ein Computer.
Im Unterschied zu einem Computer ist das Gehirn aber selbstständig lernfähig. Es kann sich Lebensumständen und Aufgaben anpassen. So ist es zum Beispiel in der Lage, mit völlig neuen und unerwarteten Situationen fertigzuwerden. Sein Programm ist also nicht wie in einem Computer festgelegt, sondern wird immer wieder angepasst.
Das ist vermutlich der größte Unterschied, aber es gibt noch viele andere: So denkt das Gehirn nicht in Nullen und Einsen wie der Computer, sondern kann durch viele Zwischenstufen wesentlich mehr Information verarbeiten. Und es arbeitet nicht mit Elektronikbauteilen wie der Computer, sondern mit flüssigkeitsgefüllten Zellen.

Wie viel kann man auf einmal denken?

Unser Gehirn ist ein echter Tausendsassa, wenn man bedenkt, was es alles auf einmal erledigt: Geräusche verarbeiten, Bilder sehen, den Blutdruck steuern, das Herz richtig schlagen lassen, für das Atmen sorgen, Beine bewegen, Augen rollen und vieles mehr. Es sind geschätzt sogar über tausend völlig unterschiedliche Aufgaben, die das Gehirn übernimmt – und zwar gleichzeitig. Wenn man an all das denken müsste, würde man garantiert etwas vergessen. Und wenn man mal das Atmen vergessen würde, wäre das ganz schön schlecht … Deshalb hat das Gehirn eine ganz wunderbare Eigenschaft: das Bewusstsein. Abgesehen von den Hirnaufgaben, die wir überhaupt nicht merken, wie der Steuerung der Organe, ist uns von den anderen immer nur eine wirklich bewusst. Das glaubst du nicht? Dann frag dich einfach mal, was du gehört hast, als du diese Antwort gelesen hast.

Können Hirnforscher Gedanken lesen?

Du hast bestimmt schon einmal von Lügendetektoren gehört, oder? Sie werden in Filmen und Büchern gern eingesetzt, um jemanden eines Verbrechens zu überführen. So ähnlich gehen Hirnforscher vor, wenn sie mit komplizierten Geräten die Aktivität von verschiedenen Gehirnbereichen erfassen. Auf diese Weise können sie bei einfachen Entscheidungen – wird die Person die Hand heben oder senken? – anhand der gemessenen Hirnaktivität ziemlich gut voraussagen, wie die Person sich entscheiden wird. Das ist aber ein bisschen so, als ob man jemanden vor einem Süßigkeitenregal beobachtet. Die Süßigkeit, die er am meisten anstarrt, wird er sich wahrscheinlich kaufen. Viel mehr kann ein Hirnforscher da auch nicht herausfinden. Und weil schon zwei Menschen völlig unterschiedliche Gehirne haben, echte Einzelstücke eben, wird es auch in ferner Zukunft wohl kaum möglich sein, Gedanken zu lesen, indem man die Hirnaktivität wie eine CD abhört.

Wie viel Gigabyte kann das Gehirn speichern?

Computer speichern ja alles in Bits, das heißt in nur zwei Zuständen, schwarz oder weiß, 0 oder 1, hohe Stromspannung oder niedrige. Unser Gehirn arbeitet anders, deshalb kann man eigentlich nicht ausrechnen, welche Computerleistung deinem Gedächtnis entsprechen könnte. Wenn man es aber trotzdem versucht, könnte man so rechnen: Zählt man jede Verbindungsstelle zwischen den Nervenzellen unseres Gehirns als ein Bit, hätten wir bei geschätzten 100 Billionen Verbindungen im Gehirn einen Speicher von über 10 TB, also 10.000 GB. Andere Rechnungen kommen auf eine bis tausend TB, das ist der Inhalt einer großen Bibliothek von ein paar tausend Büchern oder der Speicherplatz von etlichen modernen Computern. Das bedeutet, dass du dir sehr viel aus deinem Leben merken kannst, ohne dass der Speicher in deinem Kopf überfüllt wird.

Stimmt es, dass der Mensch nur fünf Prozent seines Gehirns benutzt?

Das ist wohl frei erfunden und wird immer wiederholt. Vermutlich wollte man Menschen dazu verführen, Geld für Methoden, Geräte oder Medikamente auszugeben, die ihre Hirnleistung zu verbessern versprachen.

Das Gegenteil ist wahr, wir nutzen unser Gehirn wohl ziemlich vollständig, denn zum einen finden die Hirnforscher, wenn sie Nervenzellen im Gehirn untersuchen, fast nie Nervenzellen, die gar nichts machen. Zum anderen wissen wir, dass die Natur sehr sparsam ist und Verschwendung vermeidet: Wenn wir nur sehr viel weniger Nervenzellen bräuchten, dann hätten wir auch kein so großes Gehirn. Und schließlich führen Unfälle mit Zerstörungen von Hirnteilen fast immer zu Ausfällen von Hirnleistungen. Das wäre nicht so, wenn wir nur fünf Prozent unseres Gehirns benutzen würden. Dieses Märchen kannst du also getrost vergessen.

Allerdings benutzen wir nicht alle Nervenzellen gleichzeitig. Je nachdem, was wir gerade tun, verwenden wir verschiedene Hirnbereiche. Alle gleichzeitig zu aktivieren, wäre auch nicht sinnvoll, denn solange du zum Beispiel ein Buch liest, kannst du auf die Steuerung deiner Bein- und Sprechmuskeln verzichten.

Kann man das Gehirn kontrollieren, also so etwas wie »Gedanken einpflanzen«?

»Die Gedanken sind frei«, so heißt es in einem alten Volkslied und das ist auch heute noch so. Es gibt jedoch bereits Versuche mit Tieren, bei denen Nervenzellen von außen an- und ausgeschaltet werden können. Mit den Erkenntnissen daraus möchten die Forscher später einmal kranken Menschen helfen. Bei den Versuchen haben Forscher Nervenzellen von Mäusen mit einem Lichtsensor ausgestattet und ganz dünne Lichtschläuche so befestigt, dass sie Licht in das Gehirn der Mäuse bringen können. Wenn durch das Licht Nervenzellen an den richtigen Stellen im Gehirn angeschaltet werden, werden die Nervenzellen richtig aktiv und verändern das Verhalten der Tiere. Die Mäuse laufen im Kreis oder sind plötzlich nicht mehr so ängstlich.

Du brauchst aber kein Forscher zu sein, um auf ganz einfache Art Gedanken bei anderen Menschen zu beeinflussen. Versuch mal folgenden Trick: Bitte deine Freundin, zehnmal das Wort »weiß« zu sagen. Sofort danach fragst du sie, was eine Kuh gerne trinkt. Wenn sie dir »Milch« als Antwort gibt, hast du ihr Gehirn überlistet. Es verbindet sowohl das Wort »weiß« als auch das Wort »Kuh« mit dem Wort »Milch«. Das schwirrt dann im Kopf deiner Freundin rum, wenn du ihr die Frage stellst. Um also nicht die erstbeste Antwort zu geben, musst man sich konzentrieren und gut nachdenken.

Training ist alles

Wie sich das Gehirn verändern kann

Wie kann man das Gehirn trainieren?

Sport für das Gehirn? Das gibt es eigentlich schon. Alles, einfach alles, was wir tun, verändert das Gehirn. Wenn wir etwas intensiv, lange und möglichst auch noch gern machen, werden wir darin immer besser. In den zuständigen Hirnbereichen werden die Verbindungen zwischen den Nervenzellen verbessert und manchmal auch zusätzliche Nervenzellen dafür eingesetzt. Das Gehirn bekommt auf diese Weise tatsächlich so etwas wie Muckis. Aber genauso, wie Sportler vor allem die für ihre Sportart wichtigen Muskeln trainieren, bekommt auch unser Gehirn nur für das Muckis, was wir trainieren: beim Auswendiglernen von Gedichten das Gedächtnis, beim Computerspielen die Reaktionsfähigkeit usw. Umgekehrt werden wir in den Dingen, die wir nicht mehr tun, schlechter, weil Nervenzellverbindungen wieder abgebaut werden. So bleibt das Gehirn gleich groß, egal wie viel wir es trainieren.

Um also kein einseitiger Reaktionswundertyp mit schlechtem Gedächtnis, lahmen Bewegungen und Sprachstörungen zu werden, sollten wir am besten immer mal wieder was anderes machen, und das richtig intensiv: Bücher lesen und Sport treiben und Computer spielen und Musik machen und raus in die Natur gehen …

Waren die Steinzeitmenschen schlauer als wir?

Der heutige Mensch nennt sich – ziemlich unbescheiden – homo sapiens, was so viel heißt wie der weise oder kluge Mensch. Obwohl er sicher nicht so klug ist, wenn man bedenkt, wie er mit der Umwelt und den anderen Menschen umgeht. Aber schlauer als die Steinzeitmenschen müssten wir schon sein, denn ihr Gehirn war kaum größer als das der Menschenaffen und deutlich kleiner als unser Gehirn.

Die Ausnahme war der Neandertaler, dessen Gehirn so groß war wie unseres, vielleicht sogar noch etwas größer. Warum ist er aber trotzdem ausgestorben? Vielleicht konnte der Neandertaler nicht sprechen und daher nur schlecht jagen, weil er sich mit seinen Jagdgefährten nicht verständigen konnte? Oder er starb an einer Erkrankung, mit der ihn der homo sapiens ansteckte? Oder brauchte er mehr Nahrung als der homo sapiens und konnte sich in der Eiszeit nicht mehr genügend besorgen? Vielleicht löst du ja mal dieses wissenschaftliche Rätsel.

Mit dem Wurm ging's los

Wann ist das Gehirn in der Evolution entstanden?

Schau dir bei nächster Gelegenheit einen Regenwurm mal etwas genauer an. Er scheint sehr einfach gebaut und hat weder einen Kopf noch Gliedmaßen. Am kriechenden Regenwurm kannst du jedoch ein Vorderende erkennen. Es streckt sich nach vorn und kommt so mit Gefahren und Nahrung natürlich zuerst in Berührung. In einem Vorläufer dieses Regenwurms ballten sich genau aus diesem Grund ein Großteil der Sinneszellen und Nerven am vorderen Wurmende zusammen. So entstand vor ungefähr 600 Millionen Jahren das erste Gehirn und erwies sich als gute Erfindung.

Hat man auch vor der Geburt ein Gehirn?

Ein Baby bekommt auch im Bauch schon eine Menge mit. Versorgt wird es über die Nabelschnur, so kann es sich ganz aufs Turnen, Schlafen, Hören und Daumenlutschen konzentrieren. Bis es so weit ist, ist viel passiert: Schon kurz nach der Verschmelzung von Ei- und Samenzelle beginnt die Entwicklung des Gehirns. In der dritten Woche der Schwangerschaft wird aus den ersten Zellen ein Rohr gebildet, aus dem später alle Nervenzellen im Gehirn, Rückenmark und Körper entstehen. Dieses Rohr wird von da ab weiter auf- und umgebaut. Schon im zweiten Monat der Schwangerschaft sind im vorderen Teil des Rohrs die ersten Verdickungen zu erkennen, die Hirnbläschen, aus denen sich später das Gehirn entwickelt. Im weiteren Verlauf der Schwangerschaft wird die Form des Gehirns immer deutlicher erkennbar und das Gehirn kann immer mehr. Schon im vierten Monat ist das Sehsystem so weit entwickelt, dass der Fötus, also das Baby im Bauch, auf Lichtreize reagiert. Ab dem sechsten Monat kann er hören.

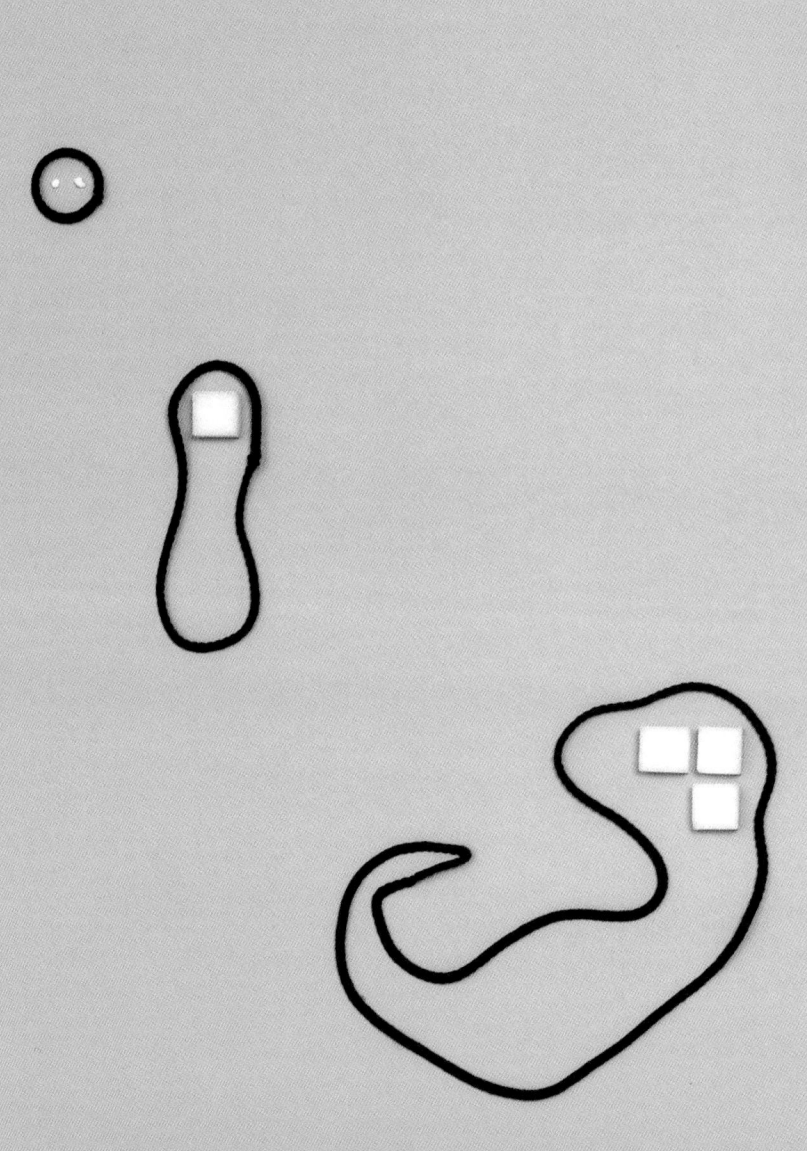

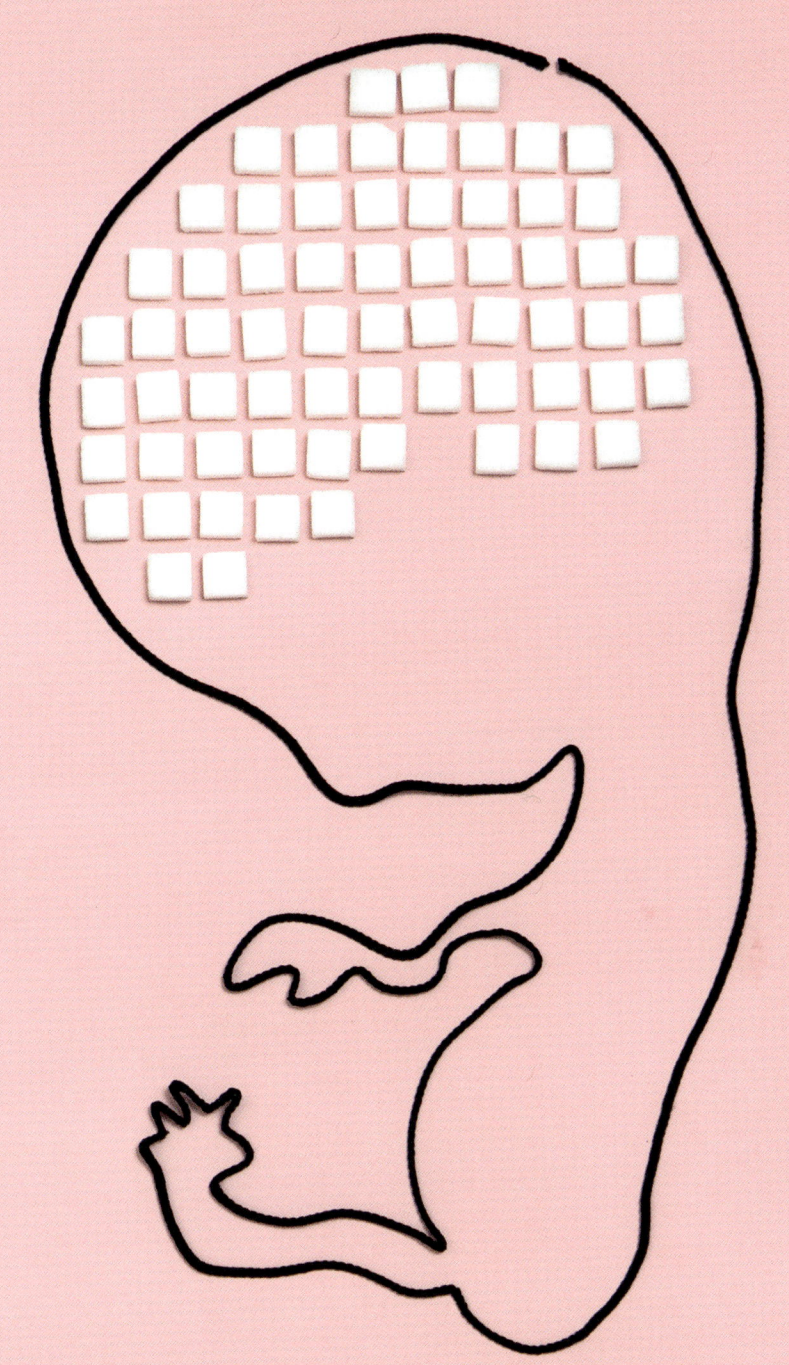

Wie groß ist das Gehirn eines Babys bei der Geburt?

Das Gehirn eines neugeborenen Kindes wiegt nur etwa ein Viertel von dem eines Erwachsenen. Das sind knapp 300 Gramm. Allerdings verfügt das Baby bereits über fast alle Nervenzellen, die es für sein ganzes Leben braucht. Die Nervenzellen bei Babys sind aber noch klein und haben wenige Fortsätze – so wie ein junger Baum auch erst wenige Äste und Zweige hat. Deshalb sind die Nervenzellen und damit auch das ganze Gehirn leichter als beim Erwachsenen. Erst nach der Geburt entstehen die meisten Verknüpfungen der Nervenzellen und die Nervenzellen selbst werden größer und machen damit das ganze Gehirn auch schwerer, bis es mehr als vier Mal so viel wiegt wie bei der Geburt.

Wächst mein Gehirn noch?

Dein Gehirn ist zwar äußerlich ausgewachsen, aber innen kannst du es dir wie eine riesige Baustelle vorstellen. Und das kommt so: Nach der Geburt wächst die Anzahl der Verbindungen zwischen den Nervenzellen rasant. Ein Kind von drei Jahren hat sogar doppelt so viele Verbindungsstellen wie ein Erwachsener. Allerdings arbeiten die kindlichen Nervenzellen noch sehr langsam, die Nervenzellfortsätze sind noch nicht so gut isoliert. Das ändert sich aber mit den Jahren, die Kabel werden isoliert, und das Gehirn kann so viel schneller werden. Diese Veränderungen sind in deinem Alter größtenteils abgeschlossen. In der Pubertät beginnen dann größere Aufräumarbeiten: Unnötige Verbindungen werden abgeschafft und krumme Verbindungswege begradigt, damit das Gehirn beim Denken nicht mehr so viele Umwege machen muss. Praktisch, oder?

Auf Schritt
und Tritt

Wie unser Gehirn
unseren Körper steuert

Was ist alles mit dem Gehirn verbunden?

Willkommen in der Schaltzentrale des Körpers, dem Gehirn. Ohne es
geht nichts, keine Empfindung und kaum eine Bewegung. Und deshalb ist eigentlich alles in unserem Körper mit dem Gehirn verbunden.
Aus dem Gehirn und dem in der Wirbelsäule liegenden Rückenmark
erstrecken sich die Nervenzellfortsätze zu allen unseren Gliedern und
Organen. So gehen Nervenzellfortsätze zu den Muskeln, damit wir
unter anderem unsere Arme, Beine, Finger und Zehen bewegen können. Aber es gibt auch Nervenzellen und andere Zellen, die wie
Wachposten im ganzen Körper verteilt sind. Sie erfassen und leiten
ans Gehirn weiter, wenn sich der Arm beugt, unsere Haut berührt
wird, ein Bild ins Auge fällt oder ein Geräusch an unser Ohr dringt …
Auch das, was wir nicht bewusst merken, wie zum Beispiel der Blutdruck oder die Zuckermenge im Blut wird über Nervenzellen an das
Gehirn gemeldet. Und das steuert dann wieder über Nervenzellen die
Organe und passt ihre Leistung an.

Kann das Gehirn größer als der Kopf werden?

Klingt verrückt, ist aber so, denn ein wichtiger Teil unseres Nervensystems ist nicht im Kopf angesiedelt: Das Rückenmark liegt in den Löchern der Wirbelsäule und verbindet nicht nur den Körper mit dem Gehirn, sondern es löst auch die Reflexe aus. Die kennst du vielleicht vom Arzt, wenn er mit einem Hämmerchen gegen deine Kniescheibe klopft und dann das Bein etwas zuckt. Solche Reflexe schützen dich und sind für das Stehen und Gehen wichtig, denn sie halten deine Muskeln in einer Grundspannung, ohne dass du darüber nachdenken musst. Sonst würdest du einfach umfallen, weil deine Muskeln ganz schlaff wären. Reflexe sorgen auch dafür, dass du die Hand schnell zurückziehst, wenn du auf eine heiße Herdplatte fasst. Das Gute an Reflexen ist, dass sie von ganz allein funktionieren.

Warum kann man sich über das Gehirn bewegen?

Hast du schon mal versucht, einem jüngeren Kind das Fahrradfahren beizubringen? Ganz schön kompliziert! Was muss man zuerst machen: Lenken? Treten? Bremsen? Und wie hält man das Gleichgewicht? Wenn man es mal kann, ist es dagegen ganz einfach. Aber das braucht Übung.

Fast alle Bewegungen werden vom Gehirn gesteuert, indem spezialisierte Nervenbahnen im Rückenmark die Befehle zu den einzelnen Muskeln übermitteln. Wie gut wir mit einem Körperteil umgehen können, hängt davon ab, wie viele Zellen im Gehirn sich darum kümmern. Wir Menschen sind sehr geschickt mit unseren Fingern, darum gibt es viele Nervenzellen, die für die Bewegung der Finger zuständig sind.

Selbstverständlich gibt das Gehirn nicht nur den Befehl, welcher Muskel sich wie bewegen soll, sondern es erhält immer eine Rückmeldung vom Körper. Schließlich weiß es genau, wie es sich anfühlt, wenn die Bewegung richtig ausgeführt wurde. Deshalb wird zurückgemeldet: Wie weit ist die Bewegung schon ausgeführt? Gibt es Probleme? Muss die Bewegung angepasst werden? Diese Informationen werden genauso wie die Impulse zur Bewegung über das Rückenmark geleitet, jedoch in entgegengesetzter Richtung von den Sinneszellen in Muskeln, Gelenken und Haut in Richtung Gehirn.

Neben den Bewegungen, die wir ausführen wollen, gibt es noch die Bewegungen, die wir fast nicht bemerken. Sie halten uns zum Beispiel im Gleichgewicht, wenn wir das Fahrradfahren beherrschen.

Wie verschickt das Gehirn Befehle an unseren Körper?

Vieles im Gehirn funktioniert elektrisch. Jede Nervenzelle kann winzige elektrische Ströme erzeugen und kleine Strompulse rasend schnell über die Nervenzellfortsätze verschicken. Damit bewegt sich aber nichts. Dazu brauchen wir erst noch die Muskeln: Die Nervenzellen leiten die kleinen Strompulse an die Muskelzellen. Hier führt der elektrische Strom dazu, dass sich die Muskelzelle zusammenzieht. Und wenn viele kleine Muskelzellen sich zusammenziehen, dann verkürzt sich der ganze Muskel und ein Arm oder ein Bein bewegt sich. Das kannst du gut an deinem Oberarm sehen: Wenn der Arm gerade ist, ist der Muskel lang. Wenn du den Arm bewegen willst, gibt dein Gehirn die Strompulse an den Oberarmmuskel, dieser wird kürzer und dicker, und der Arm wird gebeugt.

Wenn man querschnittsgelähmt ist, stirbt dann ein Teil des Gehirns ab?

Das Gehirn stirbt nicht ab, aber es verändert sich. So wie sich mit der Querschnittlähmung auch das Leben komplett ändert. Gehen und Stehen sind nicht mehr wichtig, dafür bekommen die Arme beim Rollstuhlfahren ganz neue Aufgaben. Deshalb werden die Bereiche, die beim gesunden Menschen für Gehen, Stehen und die Gefühle in den Beinen zuständig sind, dann vom Gehirn für andere Aufgaben genutzt. Ein Teil der Nervenzellen des Gehirns bekommt also einfach eine andere Aufgabe. Ein kleiner Teil dieser Nervenzellen kann jedoch auch absterben, wenn zu viel von ihrem Nervenzellfortsatz beim Unfall abgetrennt wurde.

Perfekt
verpackt

Wie das Gehirn geschützt ist und was alles abläuft, wenn doch etwas passiert

Warum ist das Gehirn nicht eckig?

Menschen machen alles am liebsten schön rechteckig, wie zum Beispiel Lego, Hefte, Fenster oder Häuser. Das ist in der Natur ganz anders. Wenn du dir ein Blütenblatt, einen Baum oder auch ein Tier ansiehst, dann wirst du feststellen, dass es fast nie Ecken gibt. Dort kommt immer die Form vor, die am besten passt, und das ist nur in Ausnahmefällen eine Ecke oder ein rechter Winkel.

Es gibt noch einen anderen Grund: Denn wenn du einen eckigen Karton fallen lässt, bekommt er leicht Macken an den Ecken. Ein runder Gegenstand – wenn er nicht gerade aus Porzellan ist – bekommt dagegen kaum Macken. So sind auch der menschliche Schädel und das Gehirn rund, damit sie stabiler und weniger anfällig für Stoßverletzungen sind. Trotzdem reicht das in einigen Situationen nicht aus und man braucht zusätzlichen Schutz. Den bekommt man zum Beispiel durch einen Fahrradhelm.

Wenn ein Mensch hirntot ist, kann man dann das Gehirn von einem anderen Menschen nutzen, um ihn wiederherzustellen?

Viele Organe können wir schon austauschen, wenn es ein Spenderorgan gibt, das zu dem Menschen passt, dessen altes Organ nicht mehr richtig funktioniert. Beim Gehirn ist das nicht möglich, denn man kann ein neues Gehirn nicht anschließen. Das liegt daran, dass das Gehirn mit vielen Millionen von Nervenzellfortsätzen mit dem Körper verbunden ist. Beim Auswechseln eines Gehirns müsste man alle diese Verbindungen wiederherstellen – und vorher die richtigen heraussuchen. Selbst wenn man für das Suchen und Zusammenfügen jeder Verbindung nur zehn Sekunden brauchen würde, würde die Operation schon mehrere Jahre dauern.

Es kommt noch etwas hinzu: Die Nervenzellen des Gehirns sterben sehr schnell ab, wenn sie nicht gut versorgt werden. Wenn Nervenzellen nur eine Minute nicht mit Blut versorgt werden, gehen sie kaputt. Und wer gibt schon innerhalb einer Minute sein Gehirn ab?

Können Hirnzellen nachwachsen oder sich neu bilden?

Wenn du dich an der Haut verletzt hast, schließt sich die Wunde durch Nachwachsen der Hautzellen normalerweise wieder innerhalb von ein paar Tagen. Leider können unsere Nervenzellen sich nicht so einfach neu bilden. Wir kommen schon mit fast allen Nervenzellen auf die Welt, und im Laufe des Lebens entstehen nur wenige in einzelnen Hirnbereichen neu, auch wenn manche durch Verletzungen oder Krankheiten verloren gehen. Einen zerstörten Fortsatz kann eine Nervenzelle ebenfalls nur langsam neu bilden und wenn er zu lang ist, geht es gar nicht. Aber Forscher arbeiten daran, bei Unfällen durchtrennte Nervenzellen wieder zum Nachwachsen zu bringen. Bei Mäusen ist das immerhin schon gelungen.

Erstaunlicherweise können manche Tiere im Gegensatz zu uns Nervenzellen sehr gut reparieren. Wahrscheinlich ist das der Preis, den wir für unser leistungsstarkes Gehirn zahlen müssen, denn vielleicht würden neue Nervenzellen die komplizierten Netzwerke in unserem Gehirn zu stark stören.

Ist das Gehirn innen hohl?

Ganz und gar nicht. In der Hirnrinde sitzen viele Nervenzellen, von denen jede über ihre langen Fortsätze mit ein paar tausend anderen Nervenzellen verbunden ist. Dieses dichte Netzwerk aus vielen verbundenen Nervenzellfortsätzen füllt das Gehirn fast komplett aus.

Es gibt aber auch Hohlräume. Sie sind nicht sehr groß, heißen Ventrikel und sind mit einer durchsichtigen Flüssigkeit gefüllt, dem Liquor. Doch was sich nach sehr viel Flüssigkeit anhört, ist tatsächlich gerade mal ein halbes Wasserglas voll.

Der Liquor befindet sich nicht nur im Inneren des Gehirns, sondern umhüllt es auch von außen und wirkt so wie ein Puffer zwischen dem harten Schädelknochen und dem weichen Gehirn. Das kannst du im Schwimmbad ausprobieren: Einen Hartgummiball kann man unter Wasser bei Weitem nicht so fest gegen eine Mauer werfen wie außerhalb des Schwimmbeckens.

Kann das Gehirn heiß werden?

Wenn man angestrengt nachdenkt, dann sagt man, dass einem »der Kopf raucht«. Aber wenn uns dabei auch heiß wird, unser Gehirn läuft nicht heiß. Es kommt uns nur so vor, weil wir ohne es zu merken unsere Muskeln stark anspannen und dann wie beim Sport schwitzen und einen roten Kopf bekommen. Damit sagt uns das Gehirn nebenbei, dass es Zeit ist, eine Pause zu machen. Aber auch wenn man keine Pause einlegt: Das Gehirn wird nicht heißer, die Temperatur bleibt gleich. Denn ganz egal, ob wir fernsehen, dösen, Vokabeln lernen oder Matheaufgaben lösen, es sind immer etwa gleich viele Nervenzellen aktiv und dadurch wird auch immer die gleiche Menge an Energie verbraucht.

Aber es gibt andere Situationen, in denen das Gehirn zu heiß werden kann, zum Beispiel wenn man seinen Kopf zu lange ohne Schutz der Sonne aussetzt. Dann führt die Hitzestrahlung der Sonne zu einer Reizung der Häute, die das Gehirn umhüllen. Das tut weh und man nennt es Sonnenstich. Bleibt man mit dem Kopf noch länger in der Sonne, können sich die Hirnhäute sogar richtig entzünden.

Wenn man Kopfweh hat, was passiert da?

Da brummt einem der Schädel, dass man sich am liebsten verkriechen würde. Kennst du, oder? Eins steht fest: Was dir wehtut, ist auf jeden Fall nicht das Gehirn. Das ist nämlich schmerzunempfindlich. Was wehtun kann, sind die Häute, die das Gehirn umgeben, und die Blutgefäße. In ihnen sitzen die Fortsätze von Nervenzellen, die an das Gehirn melden, wenn sie gereizt oder gedehnt werden. Das Gehirn übersetzt diese Meldung dann in etwas, das wir als sehr unangenehm empfinden, den Schmerz. Wenn also die Häute, die das Gehirn umgeben, anschwellen, weil man zu lange in der Sonne gelegen hat, oder wenn die Nervenfasern bei heftigen Erschütterungen des Kopfes gedehnt werden, dann schlägt das Gehirn Alarm und sagt uns über den Schmerz, dass wir das gefälligst sein lassen sollen. Manchmal ist die Ursache aber auch nur ganz harmlos, zum Beispiel eine komische Körperhaltung, ein zu fester Pferdeschwanz oder Stress und Ärger. Dann merkt das Gehirn, dass irgendetwas mit dem Kopf nicht stimmt, und deutet das als Kopfschmerzen.

Kann man einen blauen Fleck im Gehirn bekommen, wenn man gegen eine Wand läuft?

Zum Glück kommt man bei so etwas fast immer mit einer Beule oder einem blauen Fleck am Kopf davon. Wenn man jedoch mit voller Wucht gegen eine Wand prallt, dann kann das Gehirn von innen gegen den Schädelknochen stoßen. Oder der Schädelknochen bricht, und die Knochenbruchstücke werden ins Gehirn gedrückt. Im schlimmsten Fall werden Nervenzellen und ihre Verbindungen zerrissen. Auch die Blutgefäße können zerreißen, sodass an dieser Stelle Blut ins Gehirn läuft und viele Nervenzellen zerstört. Ein blauer Fleck an der Stirn oder eine Beule verschwindet folgenlos, im Gehirn können bei schweren Unfällen die Schäden bestehen bleiben, weil kaputte Nervenzellen im Gehirn fast gar nicht repariert werden können.

Was geschieht bei einer Gehirnerschütterung?

Genauso wie eine Fabrik erst mal nicht mehr so gut funktioniert, wenn alles bei einem Erdbeben durcheinanderpurzelt, sind die Nervenzellen bei einem kräftigen Schlag auf den Kopf erst mal nicht mehr so fit. Und wenn viele Nervenzellen nicht mehr so gut funktionieren, dann funktioniert auch das ganze Gehirn nicht mehr so gut: Man ist nicht mehr so wach, fühlt sich schwindlig, hat Kopfschmerzen, und übel ist einem auch. Ob dabei im Gehirn richtig was kaputtgeht, wissen die Wissenschaftler nicht so genau. Zwar heilt eine Gehirnerschütterung ohne Folgen aus, aber im Blut finden sich Stoffe, die eigentlich nur in den Nervenzellen sein sollten. Wenn es dir daher einige Tage nicht gut geht oder wenn noch etwas anderes bei dir nicht funktioniert, dann solltest du zum Arzt gehen. Aber meistens hat das Gehirn alles nach spätestens ein paar Tagen selbst in Ordnung gebracht.

Wegen Überfüllung geschlossen?

Vom Merken, Vergessen und Erinnern

Funktioniert das Gedächtnis wie ein Fotoapparat?

Ein Fotoapparat macht ein Bild der Umwelt – ganz genau, mit allen Einzelheiten. Das Gehirn arbeitet anders: Von dem Bild, das die Augen aufnehmen, wird nur ganz wenig im Gedächtnis gespeichert. Im besten Fall sind das Dinge oder Menschen oder Ereignisse, die einem sehr wichtig sind, oder die anders sind, als man erwartet. Man erinnert sich vielleicht daran, dass die Tante an dem Tag, als das Familienfoto gemacht wurde, ein besonders hübsches Kleid anhatte und dass der große Bruder einen mehr als sonst geärgert hat. Doch wie das Wetter war, weiß man nicht mehr.

Oft ist es sogar so, dass man sich an den Tag des Fototermins nur erinnert, weil man mit den Eltern dieses Foto oft angeschaut und dabei über den Tag geredet hat. Man denkt so wiederholt daran, verarbeitet es, bewertet es mit allen neuen Erfahrungen auch wieder neu und speichert das Ganze wieder ab. Deshalb verändern sich auch Erinnerungen: Nach einiger Zeit weiß man nicht mehr, dass man den Streit mit dem Bruder selbst angezettelt hat. Das Gehirn lässt uns in unserer Erinnerung meist besser dastehen, als wir sind.

Gibt es Menschen, die sich alles merken können?

Es ist eher nicht dein Tischnachbar in der Schule und deine Eltern wahrscheinlich auch nicht. Aber einige wenige Leute sind tatsächlich wahre Gedächtniskünstler. Ein Beispiel ist Stephen Wiltshire mit seinem fotografischen Gedächtnis. Nach einem kurzen Rundflug über New York konnte er ein Bild malen, das alle Gebäude fotografisch genau zeigte. Ein anderer war Kim Peek, der mühelos alles abspeicherte, was er je gelesen hatte, und zuletzt die Daten aus mehr als 10.000 Büchern auswendig konnte.

Meistens haben solche Menschen aber große Probleme bei anderen Dingen, die uns Normalvergesslichen leichtfallen, wie links und rechts zu unterscheiden oder Gefühle anderer Menschen zu erkennen. Ein solches fotografisches Gedächtnis ist daher eher eine Störung des Gehirns.

Wieso vergisst man manches gleich wieder?

Das wär's: einmal die englischen Vokabeln durchlesen und schon fehlerfrei den nächsten Test bestehen! Leider funktioniert unser Gedächtnis anders – und das ist auch gut so: In jedem kleinen Augenblick unseres Lebens passieren unzählige Sachen: Wir treffen uns mit Freunden, sprechen mit ihnen, hören Musik, riechen die Kartoffelchips und merken, dass uns kalt ist – und das alles gleichzeitig. Wenn wir all das behalten würden, wäre unser Gedächtnis bald mit viel Unnützem vollgestopft.

Unser Gehirn merkt sich deshalb nur, was für unsere Zukunft wichtig sein könnte. Das ist auf jeden Fall nicht die englische Vokabel, die du nur einmal gelesen hast. Erst wenn du sie oft genug wiederholst, sie richtig gut findest oder sie in Sätze einbaust, wird sie für dein Gehirn wichtig genug, um behalten zu werden. So wird dem Gehirn viel Unwichtiges erspart. Also falls du dich nicht an eine seltene Vokabel erinnerst: Dein Gehirn funktioniert bestens!

Wie viel von dem, was ich sehe, kommt in mein Gedächtnis?

Nur ein winziger Bruchteil. Denn alles das, was wir sehen, entspricht jeweils etwa einer Millionen Bit pro Sekunde. Bereits in der ersten Sekunde nach dem Anschauen eines Bildes wird der größte Teil des Gesehenen wieder gelöscht. Viel weniger als ein Tausendstel davon wird für ein paar Minuten im Kurzzeitgedächtnis behalten, und wieder weniger als ein Hundertstel davon – etwa 1 Bit pro Sekunde – kommt in das Langzeitgedächtnis, in dem es für Tage, Jahre oder gar das ganze Leben gespeichert wird.

Das Gehirn sortiert also das allermeiste aus. Wie wenig übrig bleibt, kannst du dir klarmachen, wenn du ein dickes Buch zur Hand nimmst. Wenn du alle Buchstaben, die dort vorkommen, in einer Sekunde sehen könntest, würdest du die Buchstaben von vielleicht einer halben Seite für ein paar Minuten behalten, aber nur ein einziger Buchstabe käme in dein Langzeitgedächtnis.

Gibt es Kopfverletzungen, bei denen man das Gedächtnis verliert?

Bei manchen Verletzungen des Gehirns kommt man nicht mehr an seine persönlichen Erinnerungen heran, wie zum Beispiel seinen letzten Geburtstag oder den Unfalltag selbst. Man kann sozusagen nicht mehr auf die Daten seiner Festplatte zugreifen. Allerdings kann man weiterhin Fahrrad fahren oder schreiben. Das Gedächtnis für solche Fertigkeiten bleibt also normalerweise erhalten.
In ganz seltenen Fällen kann es vorkommen, dass man sich an alles erinnert, was vor dem Unfall passiert ist. Alles Neue vergisst man jedoch sofort wieder, zum Beispiel, wer einen im Krankenhaus besucht hat oder was es zu Mittag gab. Man könnte sagen, dass in diesem Fall keine neuen Daten mehr auf die Festplatte geschrieben werden können, weil besondere innere Bereiche des Gehirns verletzt worden sind.

Warum können sich einige nicht erinnern, wenn sie etwas ganz Schlimmes erlebt haben?

Wenn die Erinnerung an ein Erlebnis so schlimm ist, dass man sie nicht aushalten kann, dann versuchen manche Menschen sich einfach nicht mehr daran zu erinnern. So denken sie schnell an etwas anderes, sobald der Gedanke an dieses Erlebnis aufkommt, oder sie lenken sich mit einer Tätigkeit ab. Bei schweren Fällen schaltet das Gehirn die Erinnerung so früh aus, dass die Person selbst dieses »Ablenkungsmanöver« gar nicht merkt. Sie kommt dann an die Erinnerung einfach nicht heran. Meistens kommen die Erinnerungen mit der Zeit Stück für Stück zurück.

Wie wird Wissen gespeichert?

Wenn wir für uns etwas sicher speichern wollen, dann schreiben wir es auf oder tippen es ein: Vokabeln auf Karteikarten, Adressen in den Handyspeicher und das Spielzeug oder die Lebensmittel auf den Einkaufszettel. Lange hat man gedacht, dass das Gedächtnis auch so funktioniert: Irgendwo im Gehirn liegt das, was wir mal gelernt haben. So wie eine Bibliothek mit Büchern. Aber es funktioniert anders: Damit man etwas nicht mehr vergisst, müssen sich die Nervenzellen und ihre Verbindungen dauerhaft verändern. So entsteht eine Kette von Nervenzellen, die von einer Hirnregion zur anderen führt. Die Erinnerung wird so über das Gehirn verteilt. Jede Region ist für etwas anderes zuständig, wie zum Beispiel das Hören, das Gefühle empfinden oder Rechnen. Im Karteikasten findet man die Karte mit der gesuchten Information, indem man zum Beispiel den Anfangsbuchstaben des Wortes sucht. Dein Gehirn findet die Erinnerung, indem es an einen Teil dieser Erinnerung denkt: Wie hat der Kuchen gerochen, wie habe ich mich damals gefühlt, wie ging das Lied, das Mama den ganzen Tag gesummt hat? Später muss man nur das Lied im Radio hören, um sich an die Geburtstagsfeier zu erinnern. Das Lied hat einen Teil der Neuronenkette wachgerufen, dadurch sind wiederum andere Teile der Erinnerungskette reaktiviert worden, die mit der Melodie verknüpft sind.

Warum vergisst man viel, wenn man alt wird?

Das Alter hinterlässt Spuren im Körper. Die Haut bekommt Falten, das Herz wird schwächer. Auch das Gehirn altert: Es schrumpft etwas und funktioniert in einigen Bereichen nicht mehr so gut und auch die Verbesserung oder Neubildung von Nervenzellverbindungen funktioniert schlechter. Darum fällt es alten Menschen schwerer, sich mal eben kurz etwas zu merken. Wie die Einkaufsliste oder den Ort, an dem sie die Brille abgelegt haben. Auch der Umgang mit Neuem fällt alten Menschen schwerer, deshalb trauen sie sich manchmal nicht so recht an neue Computer und Handys heran. Wenn es aber darum geht, vielschichtige Aufgaben und Probleme zu lösen, sind alte Menschen klar im Vorteil. Sie können auf ihre Erfahrungen und bestehende Gedächtnisketten zurückgreifen.

Auf jeden Fall sind alte Menschen auch weiterhin lernfähig. Das Lernen dauert zwar meist ein wenig länger, doch auch im Gehirn von alten Menschen können sich Nervenzellen verändern und neue Verbindungen knüpfen, um Inhalte in das Gedächtnis aufzunehmen. Nur beim Nichtstun bauen Gehirne ab.

Kann sich das Gehirn durch Alzheimer auflösen?

Wenn ein alter Mensch Alzheimer bekommt, dann verliert sein Gehirn sehr viel schneller seine Fähigkeiten, als wenn dieser Mensch weiter ganz normal altern würde. Zuerst kann er sich Dinge schlechter merken, dann fällt ihm das Sprechen und Denken schwerer, später funktioniert immer weniger im Gehirn, sodass er schließlich an Gehirnversagen stirbt.

Das Gehirn löst sich aber bei der Alzheimer-Erkrankung nicht auf, sondern es schrumpft nur. Das kommt daher, dass Verbindungen zwischen den Nervenzellen und schließlich auch Nervenzellen selbst absterben. Dadurch werden die Furchen in der Großhirnrinde tiefer und die flüssigkeitsgefüllten Hohlräume größer. So kann das Gehirn bis zu 300 Gramm Gewicht verlieren.

Wie lang hält das Wissen aus der Schule?

Stell dir mal einen Trampelpfad durch eine ungemähte Wiese vor. So ähnlich funktioniert dein Gedächtnis. Je häufiger du diesen Weg benutzt, desto fester und breiter wird er. Bist du ihn aber lange nicht gegangen, wird er überwuchert. Du musst dir den Weg neu bahnen, doch du erkennst ihn irgendwie wieder.

Wenn dein Gehirn aus dem in der Schule Gelernten ein Langzeitgedächtnis gebildet hat, gibt es in deinem Kopf einen Pfad dieser Erinnerung. Das ist eine Kette aus aneinandergeknüpften Nervenzellen. Je nachdem, wie oft du das Gelernte angewendet hast oder wie wichtig es dir ist, sind die Verknüpfungen fester oder weniger fest. Das Gelernte wird dadurch schwerer oder einfacher zu finden. Doch bleibt meist etwas von diesem Erinnerungspfad bestehen und dir fällt urplötzlich wieder etwas ein, was du längst vergessen geglaubt hast.

Warum können sich kleine Kinder meistens mehr merken als Erwachsene?

Das Gehirn passt sich den Anforderungen an, die das Leben an uns stellt. Ist man sehr jung, muss man viel Neues aufnehmen und behalten: sprechen, das Hemd zuknöpfen, an der Straße nach rechts und links schauen, lesen ... Fast alles ist neu und will gelernt werden. Daher ist das ganz junge Gehirn besonders schnell und kann sich vieles merken.

Bist du etwas älter, hast du schon viel gesehen und gelernt. Nun wird es wichtig, die gemachten Erfahrungen, das bereits Gelernte, anzuwenden. Das Gehirn von Erwachsenen nutzt die Lebenserfahrung und kann deshalb beim Speichern von Informationen – meistens – besser Wichtiges von Unwichtigem unterscheiden. Das muss aber nicht immer ein Vorteil sein. Beim Memory-Spielen ist es sogar eher ein Nachteil: Kinder achten stärker auf Details und merken sich alles. Ein Erwachsener versucht immer, Dinge in Gruppen einzuordnen. So sieht er eine Karte mit einem Hund und merkt sich »Haustier«, genau wie bei der Karte, die eine Katze zeigt. Deshalb greift er beim Memory öfter daneben.

Wo sind die Erinnerungen, wenn man sein Gedächtnis verliert?

Erinnerst du dich noch an das letzte Weihnachtsfest? Wie der Tannenbaum geduftet hat, wie aufregend alles war vor der Bescherung, wie die Schokolade und das Festessen geschmeckt hat? Diese Erinnerungen sind meistens über das ganze Gehirn verteilt, genauer gesagt liegen sie an verschiedenen Stellen in der Hirnrinde.

Wenn man sein Gedächtnis verliert, sind meist nicht die Erinnerungen weg, sondern man kennt nur den Weg dorthin nicht mehr – die Straßen, die die Erinnerungen untereinander verbinden. Man hat also sozusagen den Stadtplan verloren.

Wenn die Erinnerung dann zurückkommt, tauchen anfangs einzelne Erinnerungsinseln auf, kleine Erinnerungsfetzen, die zueinander keine Verbindung haben. Die Patienten erinnern sich zum Beispiel an den Duft des Tannenbaums, aber nicht, wann sie diesen Duft gerochen haben. Mit der Zeit vernetzt ihr Gedächtnis diese Inseln wieder miteinander, und das Bild kann sich wieder vervollständigen.

Ohren auf!

Wo Sprache entsteht und wie Spiel das Gehirn verändert

Braucht man für die Sprache beide Gehirnhälften?

Es ist schon gut, dass unser Gehirn zwei Hälften hat, denn wir haben vieles in unserem Körper zwei Mal, zum Beispiel zwei Arme, zwei Beine, zwei Augen und zwei Ohren. Jede Gehirnhälfte ist für eine Körperseite zuständig. Die eine steuert den einen Arm, die andere den anderen. Dabei ist die Zuständigkeit aber gekreuzt, sodass die linke Hirnhälfte das rechte Bein steuert und die rechte Hirnhälfte das linke. Bei der Sprache ist das anders: Sie ist hauptsächlich in der linken Hirnhälfte angesiedelt. Deshalb kann man allein mit dieser Hirnhälfte Sprache ganz gut verstehen und sprechen. Für die Feinheiten, wie zum Beispiel die Sprach- und Satzmelodie oder Doppeldeutigkeiten, braucht man aber auch die rechte Hirnhälfte und die Zusammenarbeit beider Hirnhälften. Deshalb sind sie sehr gut miteinander vernetzt.

Wo sitzen die Fremdsprachen?

In einem Abschnitt der Hirnrinde, der ungefähr etwas oberhalb des linken Ohres liegt, können wir gehörte und gelesene Sprache verstehen. Das ist aber nicht die ganze Wahrheit, denn wir brauchen für die Sprache unter anderem auch noch die Gehirnbereiche, die für das Sehen oder Hören der Worte notwendig sind, und die Bereiche, in denen die Worte im Gedächtnis gespeichert sind. Das sind dann insgesamt schon sehr große Teile der Hirnrinde. Deshalb kann man auch nicht genau angeben, wo eine Sprache sitzt. Aber wenn man zum Beispiel das einfache Sprachverständnis oder das Sprechen meint, dann liegt die Fremdsprache jeweils im selben Bereich wie die Muttersprache. Das war auch zu erwarten, denn so arbeitet das Gehirn: Neues wird nicht völlig neu gespeichert, sondern wird möglichst mit schon Vorhandenem verknüpft. Und wenn wir die englische Vokabel für »Hund« lernen, dann wissen wir ja schon eine ganze Menge darüber, was ein Hund ist, und müssen es nur noch mit einem neuen Klang oder einer neuen Buchstabenkombination verbinden.

Kann ein Affe
nach jahrelangem Training auch sprechen?

Das wäre was, wenn ein Affe plötzlich ein Gedicht aufsagen oder sich mit dir lautstark um die Schokolade streiten würde. Aber so weit wird es nie kommen, denn ein Affe kann gar nicht die Laute machen, die man zum Sprechen der menschlichen Sprache braucht. Und weil seine Zunge und sein Kehlkopf anders als beim Menschen sind, können Affen nur wenige Wörter aussprechen.

Die Affen und vor allem die Menschenaffen können aber unsere Sprache lernen. Da sie nicht sprechen können, verständigen sie sich mit Menschen zum Beispiel über Zeichensprache oder indem sie Worttafeln auswählen. Auf diese Weise können Schimpansen ein paar hundert Wörter lernen, einige besonders schlaue mit viel Üben sogar über tausend. An den Menschen kommt der Affe trotzdem nicht heran, denn der hat einen Wortschatz von mehreren zehntausend Wörtern oder sogar mehr als hunderttausend, wenn er Goethe heißt.

Wie kommen beim Hören die Worte in den Kopf?

Platsch! Wenn ein Stein ins Wasser fällt, spritzt es ganz schön und das Wasser schlägt Wellen. Ungefähr solche Wellen entstehen auch in der Luft, wenn die Worte aus dem Mund sprudeln. Im Ohr angekommen, versetzen diese Wellen ein kleines Häutchen, das Trommelfell, in Bewegung. Auf der anderen Seite des Trommelfells befinden sich winzige Knochen, die die Bewegung des Trommelfells verstärken und auf die Flüssigkeit im Innenohr übertragen. Nun sind aus den Luftwellen tatsächlich wieder echte Wellen geworden, die eine Art von Nervenzellen im Ohr reizen. Es entstehen elektrische Impulse, die über andere Nervenzellen zum Gehirn geleitet werden. Dabei hat jeder Ton – von ganz hoch bis ganz tief – seine eigenen Nervenzellen.

So weit ganz einfach, aber wie entstehen aus den Tönen Wörter und wie können wir die Worte eines Klassenkameraden von dem Stimmengewirr der redenden Mitschüler unterscheiden? Um dies zu schaffen, braucht das Gehirn wieder ganz viele Nervenzellen zum Verrechnen.

Verändert sich das Gehirn
beim Fernsehen oder beim Computerspielen?

Auch beim Fernsehen oder Computerspielen arbeitet dein Gehirn auf Hochtouren und verändert sich dadurch, wie bei allem, was wir tun. Einige dieser Veränderungen sind Verbesserungen. So wird zum Beispiel das Gehirn besser mit schnell aufeinanderfolgenden Bildern fertig, nimmt die Reaktionsgeschwindigkeit zu und kann man die Bewegungen von Finger und Daumen genauer kontrollieren. Wenn man aber zu viel Zeit vor dem Computer und dem Fernseher verbringt, dann gibt es leider auch eine ganze Menge Verschlechterungen, weil in den nicht benutzten Hirnbereichen die Nervenzellverbindungen schwächer werden oder abgebaut werden. So wird das Denken mühsamer, die Fantasie nimmt ab und die Sprache verflacht. Zudem wird man noch, weil man sich nicht bewegt, dick und krank. Bleib also besser insgesamt nicht mehr als eine Stunde pro Tag vor dem Fernseher oder dem Computer hocken.

Was passiert im Gehirn beim Lesen?

Auf den ersten Blick ist Lesen für das Gehirn eine ziemlich einseitige Tätigkeit: Hören muss man nicht, Fühlen muss man nicht, Bewegung braucht man auch fast gar nicht, Entscheidungen sind nicht erforderlich, und auch die Anforderungen an das Gehirn beim Sehen sind sehr viel geringer als zum Beispiel beim Fernsehen. Aber mit dem Lesen hat das Gehirn Möglichkeiten, die es sonst nicht hätte, weil es mit der Bearbeitung der anderen Aufgaben ausgelastet wäre. So kannst du deine Vorstellungskraft spielen lassen und deine Kreativität ausleben. Um in seinem Kopf Bilder malen zu können, ist daher das Lesen wichtig und viel besser als Fernsehen.

Aber auch für das Lesen gilt, dass ein Zuviel schädlich ist, denn dann verliert das Gehirn andere Fähigkeiten und es geht einem genauso, wie wenn man zu viel fernsieht oder Computer spielt. Deshalb solltest du in deiner Freizeit nicht nur lesen, aber eine Stunde pro Tag wäre schon gut.

Wird das Gehirn durch Musik und Spielen gefördert?

Durch Spielen zum Beispiel auf dem Abenteuerspielplatz oder beim Theaterspielen auf der Bühne probierst du in deinem Gehirn Verbindungen aus, die vielleicht für dich und dein weiteres Leben wichtig sind. So kannst du erfahren, was du besonders gut kannst, und Ideen bekommen, die noch keiner hatte. Für das Musizieren werden sehr viele verschiedene Teile deines Gehirns benötigt. Außerdem musst du deine Bewegungen koordinieren, deinen Tastsinn einsetzen, dein Gedächtnis ist gefragt, ebenso wie dein Einfühlungsvermögen, deine Vorstellungskraft und deine Kreativität. Deshalb ist es auch am Anfang so schwierig, aber es schafft und stärkt Verbindungen im Gehirn, sodass einige Wissenschaftler sogar meinen, dass Musizieren schlauer macht.

Ich brauch was Süßes!

Was das Gehirn mit der Nahrungsaufnahme zu tun hat und wie es versorgt wird

Warum ist das Gehirn im Kopf und nicht im Bauch?

Schon bei einfachen Tieren wie Würmern hatte es sich bewährt, die Sinnesorgane da zu haben, wo man hinwill und wo die Nahrung aufgenommen wird. Darum hat die Natur dieses Prinzip bei der Höherentwicklung der Tiere und somit auch beim Menschen beibehalten. Das Gehirn ist im Kopf, weil da auch unsere Ohren, unsere Augen und unser Mund sind.

Aber ganz genau betrachtet, gibt es noch ganz schön viele Nervenzellen im Bauch – mehr als 100 Millionen. Die sind relativ unabhängig vom Gehirn und steuern unseren Darm mit. Die Nervenzellen liegen in der Wand des Darms und sorgen dafür, dass der Darm sich immer wieder mal zusammenzieht. Das kannst du manchmal als »Magenknurren« hören. Dadurch wird die Nahrung durchmischt, besser verdaut und der Nahrungsbrei und das, was davon übrig bleibt, durch den Darm transportiert.

Wie viel Blut fließt durch das Gehirn?

Pro Minute fließt ungefähr ein Liter Blut durchs Gehirn. Das ist etwa ein Viertel des gesamten Blutes, das vom Herzen in jeder Minute durch den ganzen Körper gepumpt wird. Ganz schön viel, wenn man bedenkt, dass das Gehirn im Verhältnis zum Körper doch recht klein ist. Im Vergleich mit unseren anderen Organen ist das Gehirn also nicht gerade der größte Energiesparer.

Und wozu braucht das Gehirn so viel Blut? Das Blut transportiert die Energie, die das Gehirn zum Arbeiten braucht – wie deine Zimmerlampe Strom oder ein Automotor Benzin. Beim Gehirn sind das eben der Zucker Glukose, den wir über die Nahrung aufnehmen oder im Körper selbst herstellen, und das Gas Sauerstoff, das wir über die Lunge aus der Luft holen. Und das alles wird durch das Blut ins Gehirn transportiert, indem das Herz das an Sauerstoff und Glukose reiche Blut über Adern ins Gehirn pumpt. Diese Adern verästeln sich im Gehirn immer feiner, bis sie dünner sind als Haare. Der Sauerstoff und der Zucker werden dann von den Nervenzellen aufgenommen. Sie verarbeiten Sauerstoff und Zucker miteinander zu der Energie, die das Gehirn benötigt.

Warum ist Alkohol schädlich?

Alkohol, wie er in Bier, Wein und Schnaps vorkommt, und die Stoffe, die bei seinem Abbau im Körper entstehen, sind nicht nur für Organe wie die Leber giftig, sondern auch für die Nervenzellen. Kommt der Alkohol über das Blut ins Gehirn, verteilt er sich dort und aktiviert das »Belohnungssystem«. Man bekommt gute Laune und fühlt sich wohl. Schon kurz danach fängt der Alkohol aber an, den Austausch zwischen anderen Nervenzellen zu beeinflussen. Am Ende nimmt die Unterhaltung zwischen den Nervenzellen immer mehr ab. So fängt man an zu schwanken und zu lallen, kann nicht mehr richtig sehen, das Gedächtnis funktioniert auch nicht mehr so und man hat sich nicht mehr unter Kontrolle. Zuerst können die Nervenzellen nicht mehr richtig funktionieren, dann sterben sie ab. Wenn man betrunken ist, können das schon ein paar Millionen sein.

Aber warum trinken Menschen zu viel Alkohol, wenn er doch so schädlich ist? Alkohol macht süchtig. Und da die angenehme Wirkung bei Wiederholung nachlässt, trinken sie immer größere Mengen Alkohol. Abgesehen von den Nervenzellen schädigt der Alkohol dann auch noch innere Organe, wie die Leber und den Magen.

Heute gibt's »Gehirn«!

Kann man Gehirn essen?

Zucker, Eiweiß, Fett. Die Zutaten, aus denen dein Gehirn gemacht ist, könnten aus einem Kuchenrezept stammen. Nur enthält der Kuchen »Gehirn« so viel Fett, dass er nicht gut schmeckt. Es gibt aber noch einen anderen Grund, warum wir lieber kein Hirn von Tieren essen sollten: Wissenschaftler haben den Verdacht, dass dadurch einige besondere und schwere Gehirnerkrankungen übertragen werden können.

Welchen Einfluss hat meine Ernährung auf das Gehirn?

Aus der Nahrung braucht das Gehirn hauptsächlich einen ganz besonderen Zucker, den man Glukose nennt. Wenn es davon zu wenig gibt, funktioniert es nicht richtig. Bevor du nun aber mit dieser erfreulichen Nachricht zu deiner Mutter läufst, um endlich den Schokoriegel für die Schulpause zu bekommen, solltest du weiterlesen. Weil dieser spezielle Zucker so wichtig für das Gehirn ist, hat der Körper viele Absicherungen, die dafür sorgen, dass immer genug, aber auch nicht zu viel Zucker zum Gehirn kommt. Und zwar egal, ob man gerade nichts isst oder sich mit Süßigkeiten vollstopft. Deshalb brauchst du den Schokoriegel nicht und auch der Traubenzucker bei der Klassenarbeit bringt nichts.

Für den Moment ist es dem Gehirn also ziemlich egal, wie man sich ernährt. Aber auf Dauer braucht das Gehirn bestimmte Nahrungsbestandteile, damit es funktionieren und weiterbauen kann. Das Gleiche gilt für die Blutgefäße, die das Gehirn ernähren. Deshalb ist eine abwechslungsreiche, gesunde Ernährung auch für das Gehirn wichtig.

Warum schmeckt das Essen nicht, wenn ich erkältet bin?

Manchmal passiert es beim Tauchen, dass Wasser durch die Nase in den Rachen kommt. Das ist unangenehm. Der Gang, der den Mund mit der Nase verbindet, ist aber sehr wichtig. Durch ihn schmeckt das Essen erst richtig gut. Denn im Mund, besser gesagt auf der Zunge, kannst du nur süß, sauer, salzig, bitter und umami schmecken. Umami ist das Wort für den Geschmack »würzig«. Das allein wäre ziemlich langweilig und fad, genau wie das Essen schmeckt, wenn du erkältet bist.

Vanille, Erdbeere, Zimt und Pfefferminz und all die anderen leckeren Geschmäcker entstehen erst dadurch, dass der Duft des Speisebreis in deinem Mund durch den Verbindungsgang zur Nase weht. Dort docken die Duftstoffe an eine passende Sinneszelle an, wie ein Schlüssel ins Schlüsselloch. Der passende Schlüssel kann die Riechzelle aktivieren, die ihre Information über Nervenzellen weitergibt, und uns etwas schmecken lässt, was wir eigentlich nur riechen. Bei einer Erkältung ist die Nase zu und damit auch das Tor zu den spannenden Geschmacksrichtungen.

Aus dem Bauch heraus

Wenn das Gehirn
nichts zu melden hat

Was geschieht, wenn wir uns erschrecken?

In der Urzeit lebte der Mensch sehr gefährlich. Es gab kaum Waffen gegen Feinde und keine Häuser als Schutz vor Eindringlingen. Jeder Stock konnte sich als giftige Schlange entpuppen, jedes Knacken im Gebüsch konnte Gefahr bedeuten.

Um bei einem solchen Knacken schnell wegrennen zu können, gibt es den »Schreck«. Ein bestimmter Teil unseres Gehirns »erschreckt«, er bewertet das Knacken als mögliche Gefahr und reagiert darauf. Das bekommst du aber gar nicht mit, denn dein Gehirn regelt viele Körperfunktionen und Organe ganz automatisch und eigenständig. Wenn es also heißt: »Schnell weg! Gefahr im Verzug!«, stellt das Gehirn die Körperfunktionen auf Kampf oder Flucht ein: Man kann besser hören und sehen, das Herz schlägt schneller, und es wird ganz schnell viel Blut in die Muskeln gepumpt. Denn dort wird Energie zum Wegrennen oder Kämpfen gebraucht.

Hat das Gehirn Gefühle?

Ohne Gefühle würden wir wie Roboter durch die Gegend laufen. Und weil es so viele Gefühle gibt, die das Leben abwechslungsreich machen, gibt es im Gehirn keinen ganz genau eingrenzbaren Spezialbereich für Gefühle. Bei den Bereichen, die viel mit den Emotionen zu tun haben, wie zum Beispiel das limbische System, ist auch noch nicht ganz klar, ob die Gefühle in diesen Bereichen tatsächlich entstehen oder nur verschaltet werden. An einem Gefühl wie der Liebe sind aber nicht nur ganz viele verschiedene Bereiche des Gehirns beteiligt, sondern auch viele unterschiedliche Botenstoffe an den Verbindungen zwischen den Nervenzellen, den Synapsen. Wenn man frisch verliebt ist, gibt es dann besonders viele Botenstoffe in den Gehirnbereichen, die mit Glücksgefühlen zu tun haben.

Spannend ist, dass einige der Hirnbereiche, die wir für Gefühle einsetzen, bei unseren ganz frühen Vorfahren noch für das Riechen verwandt wurden. Deshalb ist der Mensch im Vergleich zu vielen Tieren gut im Gefühle haben und schlecht im Riechen. Das ist auch der Grund, weshalb Gerüche sehr häufig mit Gefühlen verbunden sind. So sagt man »Das stinkt mir!«, wenn man ein ablehnendes Gefühl äußern will.

Wo steckt die Seele?

Das wissen wir nicht. Mit der Hirnforschung und auch den anderen Wissenschaften kann man nicht alles herausfinden. Die Seele ist naturwissenschaftlich nicht nachweisbar, deshalb kann man auch nicht untersuchen, wo sie ist. Es gibt aber viele Sachen, die man wissenschaftlich nicht nachweisen kann und die es doch gibt: Liebe, Erfahrung, Klugheit kann man nicht sehen, und es gibt sie doch. Wenn wir nur das erkennen könnten, was die Wissenschaft nachweisen kann, dann wüssten wir schon über so etwas Einfaches wie einen Apfel nur wenig – zum Beispiel schon mal nicht, wie er dir schmeckt. Deshalb hilft dir die Hirnforschung auch nicht bei der Frage, ob es eine Seele gibt. Das musst du selbst für dich entscheiden.

Warum fange ich bei einem traurigen Film immer an zu weinen?

In einem Film findet das kleine Kind seine verlorene Mutter endlich wieder, dein Bruder isst einen Regenwurm und dein Vater schneidet sich beim Apfelschälen in den Finger.

Und du? Du weinst vor Freude, schneidest eine Grimasse vor Ekel und ziehst (in Gedanken) deine Finger weg, als hättest du selber Freude, Ekel, Schmerz erlebt. Schon komisch. Aber ohne die Fähigkeit, uns in andere hineinzudenken und die Gefühle anderer nachempfinden zu können, gäbe es keine Menschlichkeit oder Nächstenliebe. Erst das Mitgefühl sorgt dafür, dass wir die Freundin nach einem Sturz in den Arm nehmen und sie trösten. Forscher haben das Gehirn bei der Arbeit beobachtet. Einmal wenn sich die Person selbst wehgetan hat und einmal, wenn die Person zusehen musste, wie einem geliebten Menschen Leid zugefügt wurde. Und: Sie konnten in dem Gehirnbereich, der für die Gefühle zuständig ist, keinen Unterschied feststellen.

Nicht alle Menschen sind gleich gut darin, die Gefühle anderer nachzuempfinden, doch vorhandenes oder fehlendes Mitgefühl spiegelt sich immer in der Aktivität weniger Bereiche im Gehirn wider.

Sogar Affen fühlen eine Bewegung mit, die ein anderer ausführt. Es wurden Nervenzellen gefunden, die immer dann anfingen zu arbeiten, wenn ein anderer nach einer Banane griff. Die gleiche Zelle arbeitete auch, wenn der Affe selbst nach der Banane griff. Und ähnlich wie die Affen denken wir immer ein bisschen für unsere Freunde mit.

Gibt es eine Sprache der Gefühle?

In fremden Ländern ist es anfangs immer schwierig, Spielkameraden zu finden. Sie sprechen meist nicht deine Sprache. Doch irgendwann versteht man sich auch ohne Worte ganz gut. Ein Grund dafür ist sicherlich, dass alle Menschen auf der Welt, sogar die Menschenaffen, die wichtigsten Gefühle mit dem gleichen Gesichtsausdruck zeigen.

Dabei gibt es für jedes der sieben Grundgefühle einen typischen Gesichtsausdruck: Freude, Wut, Ekel, Furcht, Verachtung, Traurigkeit und Überraschung. Diese Grundgefühle entstehen ganz plötzlich und dauern oft nur kurz an. Zudem sind sie angeboren: Auch blinde und taube Kinder zeigen die typischen Gesichtsausdrücke. Ob weitere Gefühle, wie Stolz und Liebe, zu den Grundgefühlen gehören, konnte bisher noch nicht beantwortet werden.

Das Gehirn hat sich auf das Erkennen der Grundgefühle spezialisiert. Deswegen hat es ganz kurze Verschaltungswege aufgebaut, weil bei den Grundgefühlen sofortiges Handeln, wie kämpfen oder wegrennen, erforderlich ist. Kommt dir jemand mit wütendem Gesichtsausdruck entgegen, ist das eine Warnung und ein Zeichen, demjenigen lieber aus dem Weg zu gehen.

Immer wenn das Gehirn die Gefühle anderer durch das Beobachten der Gesichtsausdrücke herausfinden möchte, sind im Gehirn die gleichen Bereiche aktiv, die auch bei der Entstehung eigener Gefühle eine Rolle spielen.

Und noch was: Wenn du vor dem Spiegel Lächeln übst, wirst du oft selber fröhlich. Der Gesichtsausdruck ist im Gehirn ganz eng mit dem Gefühl verbunden.

Alles nur
geträumt

Was unser Gehirn nachts macht

Schaltet sich das Gehirn nachts aus?

Von wegen, das Gehirn ist auch nachts voll in Betrieb. So verbraucht es im Schlaf genauso viel Energie wie beim Wachsein. Beim Schlafen wird die Hirnaktivität nur geändert: Einige Teile des Gehirns sind weniger aktiv, andere dafür mehr. Wir sehen oder hören zwar nicht mehr, was um uns herum passiert, dafür beschäftigt sich das Gehirn nun mit dem, was es selbst schon gespeichert hat. Und das führt dann zu – hoffentlich schönen – Träumen.

Klar ist aber auch, dass wir schlafen müssen. Bei Ratten hat man beobachtet, dass sie nach wenigen Tagen ohne Schlaf sterben. Auch wir Menschen bekommen nach mehreren Tagen ohne Schlaf Kopfschmerzen, werden unkonzentriert, dann verrückt und sterben schließlich am Versagen der Organe. Schlaf ist also ganz wichtig für unser Gehirn. Wahrscheinlich brauchen wir den Schlaf, um das am Tag Gelernte fest abzuspeichern und um das Gehirn wieder lernfähig zu machen. So wie man eine vollgeschriebene Tafel erst wieder benutzen kann, wenn man sie abgeschrieben und dann abgewischt hat.

Wie kann ein Delfin im Wasser schlafen?

Das ist wirklich ein Problem, denn Delfine haben als Säugetiere eine Lunge wie wir und müssen deshalb regelmäßig an die Wasseroberfläche kommen, um Luft zu atmen. Wenn ein Delfin oder ein anderer Wal sich also gemütlich auf dem Meeresgrund ausstrecken würde, um ein paar Stündchen zu schlafen, würde er ersticken. Aber trotzdem schlafen Delfine und andere Wale viel, etwa acht bis zehn Stunden pro Tag. Wie bekommen sie das hin? Ganz raffiniert, denn das Gehirn arbeitet mit einem Trick: Es schläft immer nur eine Hirnhälfte und ruht sich aus, die andere sorgt dafür, dass das Tier regelmäßig zum Luftholen an die Oberfläche geht. Und damit beide Hirnhälften schlafen können, wechseln sie sich nach meist über einer Stunde einfach ab. Diese Taktik, mit immer nur einer Hirnhälfte zu schlafen, wenden auch noch andere Tiere wie zum Beispiel die Mauersegler an, die fast ihr ganzes Leben fliegend in der Luft verbringen.

Kann man aufhören zu denken?

Das kommt darauf an, was man mit Denken eigentlich meint. Psychologen oder Philosophen verstehen darunter häufig etwas anderes als Hirnforscher, und die sind sich auch nicht einig. Wenn wir Denken als alle Ereignisse im Gehirn verstehen, bei denen etwas miteinander verrechnet wird und daraus neue Ergebnisse entstehen, dann denkt das Gehirn immer. Denn viele Aufgaben des Gehirns müssen einfach weiterlaufen, damit wir leben können. Wenn wir aber Denken nur als die Schritte ansehen, bei denen uns das Ergebnis der Verrechnung bewusst wird, dann können wir aufhören zu denken.

Buddhistische Mönche üben in der Meditation genau dieses bewusste Denken auszuschalten. Sie konzentrieren sich dabei, zum Beispiel auf ihren eigenen Herzschlag oder auf den Gedanken, nichts zu denken. Dadurch erreichen sie einen Zustand, in dem sie Dinge nicht mehr bewusst wahrnehmen. Das ist ein bisschen wie schlafen und gleichzeitig extrem hellwach sein. Im Gehirn dieser Mönche ist zu beobachten, dass Nervenzellen anfangen gleichzeitig in einem bestimmten Rhythmus zu feuern.

Soll man in der Nacht vor Klassenarbeiten lieber lernen oder schlafen?

Lieber alles noch mal durchlesen – es könnte ja sein, dass genau dies morgen drankommt: Das haben wir alle schon einmal vor einer Klassenarbeit gedacht. Vernünftig ist es trotzdem nicht, denn Schlaf dient nicht nur der Erholung von Gehirn und Körper, sondern ist auch notwendig, um Gelerntes fest im Gedächtnis zu verankern. Deshalb ist es wichtig, gut und lange genug zu schlafen, um das, was man in der ganzen Zeit davor gelernt hat, auch parat zu haben. Außerdem ist man nach zu wenig Schlaf müde und unkonzentriert, was nicht unbedingt die beste Voraussetzung für eine Klassenarbeit ist.

Was ist Schlafwandeln?

Haben dir deine Eltern auch schon mal erzählt, dass du in der letzten Nacht in der Wohnung rumgelaufen bist? Aber du wusstest nichts davon? Das ist ganz normal. Viele Kinder und Jugendliche schlafwandeln! Einige laufen richtig rum, andere setzen sich nur kurz im Bett auf und brabbeln etwas vor sich hin. Das passiert meistens kurz nach dem Einschlafen. In dieser Zeit ist der Körper eigentlich ruhig gestellt: Atmung und Herzschlag sind langsamer, die Muskelspannung ist niedrig. Beim Schlafwandeln scheint der Mechanismus, der im Schlaf die Muskeln ausschaltet, jedoch nicht richtig zu funktionieren. Werden im Schlaf dann Nervenzellketten aktiviert, die für eine Bewegung stehen, wird diese einfach ausgeführt. Aber unbewusst. Wenn nach der Pubertät das Gehirn ganz ausgereift ist, verschwindet das Schlafwandeln meist auch wieder.

174

Making of

Und so ist dieses Buch entstanden …

Für »Denkste?!« konnten wir die Gemeinnützige Hertie-Stiftung als hochkarätigen Kooperationspartner gewinnen. Ihr verdanken wir den Pool von über 300 Kinderfragen zum Thema Gehirn und unsere fachkundigen Autoren Dr. Katja Naie und Prof. Dr. Michael Madeja.

Die Gemeinnützige Hertie-Stiftung zählt zu den größten, weltanschaulich unabhängigen und unternehmerisch ungebundenen Stiftungen in Deutschland. Ihre Projekte und Initiativen in den Bereichen Vorschule und Schule, Hochschule, Neurowissenschaften sowie Beruf und Familie leisten wissenschaftlich basierte und praxisorientierte Beiträge zur Lösung drängender Probleme. Zugleich fördert und fordert sie Eigeninitiative und Hilfe zur Selbsthilfe.

Die Hertie-Stiftung ist der größte private Förderer der Hirnforschung in Deutschland und der zweitgrößte in Europa. Sie trägt dazu bei, das Verständnis und die Behandlung von neurologischen Erkrankungen zu verbessern. Ihr Informationsportal *www.dasGehirn.info* lädt auf eine unterhaltsame und interaktive Entdeckungsreise durch den »Kosmos im Kopf« ein.

Mit ihren vorschulischen und schulischen Projekten will die Hertie-Stiftung zu mehr Chancengerechtigkeit in Deutschland beitragen. Ihr Programm »Starke Schule« verbindet dabei einen bundesweiten Schulwettbewerb und ein länderübergreifendes Netzwerk mit Fortbildungsangeboten für Lehrkräfte und Schulleiter.

Die Autoren danken Andrea Herzog, Marion Günschmann und Schülern der Thüringer Gemeinschaftsschule Stadtilm, Schülern der Sekundarschule Roitzsch und der Integrierten Gesamtschule der Stadt Kelsterbach, Carolin von Fumetti, Monika Schumak, Dirk Adé und Schülern der St.-Angela-Schule Königstein, Mark Greweldinger und Schülern des Gymnasiums Konz, Ümmü Gülsüm Özdemir und Schülern der Clemens-Brentano-Europaschule in Lollar und dem Starke-Schule-Netzwerk der Hertie-Stiftung für das Ausdenken und Sammeln kluger, verblüffender und begeisternder Fragen. Weiterhin danken die Autoren Prof. Dr. Michael Frotscher und Prof. Dr. Denise Manahan-Vaughan für fachliche neurowissenschaftliche Beratung, wenn es nicht mehr weiterging oder fachliche Dispute auftraten, Frau Vera Heinemann und Herrn Prof. Dr. Helmut Kettenmann für die Unterstützung vonseiten der Neurowissenschaftlichen Gesellschaft e.V., Katharina Ebinger für die sprachliche Verfeinerung und die konstruktive Betreuung sowie Marion Bassfeld und Claudia Finke für die organisatorische Unterstützung in der Hertie-Stiftung.

Der Fotokünstler dankt der Vampirklasse der Paula-Fürst Gemeinschaftsschule Berlin, der Lichtkind Agentur Berlin und verschiedenen befreundeten Familien für die Zusammenarbeit. Ein besonderes Dankeschön an Daniel Neubronner (Klassenlehrer), Stefanie Kaste (Mutter), allen teilnehmenden Kindern und deren Eltern für das Vertrauen, die vielen Ideen und die begeisterte Unterstützung.

Jan von Holleben, geboren 1977 in Köln, studierte zunächst Sonderpädagogik in Freiburg und später Theorie und Geschichte der Fotografie am Surrey Institute of Art and Design in Farnham in Großbritannien. Nach sieben spannenden Jahren in London als Art Director, Bildredakteur und Gründer verschiedener Kunst- und Fotoorganisationen lebt er heute in Berlin und arbeitet unter anderem für *Geo, Geolino, Die Zeit, Zeit Leo, Spiegel, Dein Spiegel, Neon, Eltern, Chrismon* und *SZ Magazin*.

Mit der Arbeit an »Denkste?!« konnte Jan von Holleben endlich mal all seine schrägen und kreativ-wilden Ideen erforschen und verstehen lernen.

Michael Madeja, geboren 1962 in Detmold, ist Hirnforscher, Professor an der Universität Frankfurt, Arzt und Geschäftsführer der Gemeinnützigen Hertie-Stiftung mit Zuständigkeit für die Bereiche »Neurowissenschaften« und »Hochschule«.

Zudem ist er Vater von drei Kindern im Kindergarten- und Grundschulalter, schreibt Bücher und liebt es, Kindern und Erwachsenen etwas vom Gehirn zu erklären.

Katja Naie, geboren 1974, ist studierte Biologin und promovierte Neurowissenschaftlerin. Als Leiterin von *www.dasGehirn.info*, des Informationsportals rund um das Gehirn, kann sie ihre Begeisterung für das Gehirn, seine Funktion und Bedeutung für unser Fühlen, Denken und Handeln mit einer breiten Leserschaft teilen.

Auch ihr 5-jähriger Sohn hört schon interessiert zu, wenn sie über das faszinierendste Organ in unserem Körper erzählt.

In dieser Reihe ist bei Gabriel bereits erschienen:
Kriegen das eigentlich alle? – Die besten Antworten
zum Erwachsenwerden

Madeja, Michael/von Holleben, Jan/Naie, Katja:
Denkste?!
ISBN 978 3 522 30347 7

Idee, Konzept und Fotografie: Jan von Holleben
Texte: Michael Madeja und Katja Naie
Fragenpool: Gemeinnützige Hertie-Stiftung

Produktion: Lennart Siebert, Stefanie Kaste, Saskia Uppenkamp
Assistenz und Making-of-Fotos: Saskia Uppenkamp, Anna Schäflein
Bildbearbeitung: Joscha Bruckert
Projektteilnehmer/Schüler (Models/Produktionsassistenz/Styling/Fotoassistenz/
Making-of-Fotos): Shanon Bashar, Simon Busse, Jasper Degen, Kolja Degen,
Lisa Doung, Linus Dowe, Fiona Dürr, Tamara Dürr, Nele Fischer, Lara Hormann,
Ahmad Kataya, Charlotte Kelz, Paul Kelz, Maria Köhn, Luca Koch-Grönbech,
Gabriel Krajina, Victor Leverenz, Finola Makiolla, Nelson Noack, Marinus Noah,
Turgut Palta, Nuria Rother, Selin Savun, Emil Seebode, Hans Siegmond-Schultze,
Lysander Sirach, Lucas Sisalem, Liliane Sommerfeld, Katinka Theuerkauf,
Karl Vincent Wellmann
© Logo GEOlino, Gruner + Jahr AG & Co KG, Hamburg
Lektorat: Katharina Ebinger
Einbandtypografie: Michael Kimmerle
Innentypografie, Layout und Satz: Marlis Maehrle
Schrift: Candida, Linotype Tapeside
Reproduktion: immedia 23
Druck und Bindung: Himmer AG, Augsburg
© 2013 by Gabriel Verlag (Thienemann Verlag GmbH), Stuttgart/Wien
Printed in Germany. Alle Rechte vorbehalten.

5 4 3 2 1° 13 14 15 16